动手　动脑　玩转科学

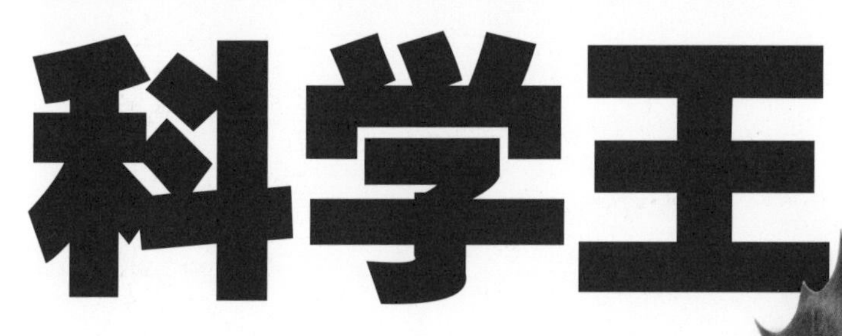

小牛頓 Sciences Little Newton Encyclopedia 科学王

牛顿出版股份有限公司◎著

植物世界

四川少年儿童出版社

图书在版编目（CIP）数据

植物世界 / 牛顿出版股份有限公司著. -- 成都 :
四川少年儿童出版社, 2017.7（2019.6重印）
（小牛顿科学王）
ISBN 978-7-5365-8377-1

Ⅰ. ①植… Ⅱ. ①牛… Ⅲ. ①植物－少儿读物 Ⅳ.
①Q94-49

中国版本图书馆CIP数据核字(2017)第167311号
四川省版权局著作权合同登记号：图进字21-2017-532

出 版 人：常　青
项目统筹：高海潮
责任编辑：王晗笑　秦　蕊
美术编辑：刘婉婷
责任印制：袁学团

XIAONIUDUN KEXUEWANG · ZHIWU SHIJIE

书　　名：小牛顿科学王·植物世界
著　　者：牛顿出版股份有限公司
出　　版：四川少年儿童出版社
地　　址：成都市槐树街2号
网　　址：http://www.sccph.com.cn
网　　店：http://scsnetcbs.tmall.com
经　　销：新华书店
印　　刷：艺堂印刷（天津）有限公司
成品尺寸：275mm×210mm
开　　本：16
印　　张：4
字　　数：80千
版　　次：2017年9月第1版
印　　次：2019年6月第2次印刷
书　　号：ISBN 978-7-5365-8377-1
定　　价：19.80元

台湾牛顿出版股份有限公司授权出版

地　址：成都市槐树街2号四川出版大厦六层四川少年儿童出版社发行部
邮　编：610031　　咨询电话：028-86259237　86259232

目录

1 植物的分类

各种生物在外形或繁殖等方面的关系有近有远，把相近的摆在一起，不相近的摆远一点，以便显示生物间彼此的相关性，这就叫作树枝状系统。

我们在这里所列举的，就是植物树枝状系统的一个例子。

细菌是外形和繁殖方法最简单的植物，细菌之下的霉菌不算植物，而是介于植物和动物之间的生物。

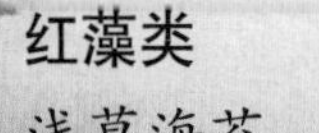

自己不能制造养分的种类
自己能制造养分的种类
红字 以种子繁殖的种类
黑字 以分裂及孢子繁殖的种类

单子叶类
稻子、百合的同类

双子叶类
樱、菊的同类

被子植物

裸子植物
松、杉的同类

蕨类
裹白、蕨的同类

苔藓类
钱苔、杉苔的同类

车轴藻类
车轴藻类的同类

绿藻类
水绵、青海苔的同类

眼虫类
眼虫的同类

细菌类
乳酸菌、结核菌的同类

病毒

霉菌、蕈类的同类

霉菌、蕈类的菌体是由称为菌丝的管状细胞所组成的。菌丝的细胞内不含叶绿素，因此霉菌及蕈类自己无法制造养分。它们附于其他动植物或其排泄物、遗体等，将其分解后取得养分。

霉菌、蕈类是以孢子来繁殖的植物。尤其是蕈类，是聚集很多菌丝而形成大的子实体（俗称蘑菇），并从蕈类子实体中产生孢子。

■青霉菌（囊子菌类） 青霉菌常附着于食物及衣物上，是常见的菌类，约有150种。青霉菌的种类不同，它所附着的物体也会不同，譬如附着在麻薯、糕饼上的青霉和附着在柑橘上的青霉就是不同种类。

■马粪菌 受光照射会像玻璃一样反光，看起来非常美丽。

■须霉（藻菌类） 生长在扔弃的食物上面。像胡须一样，长约30厘米。

■水生霉（藻菌类） 生长在泥沼或池塘的水中。有的水生霉会附着在活鱼上而杀死鱼。

■变形菌类 变形菌的菌体很像变形虫。成熟时，身体全部变成孢子体。

■植物生霉后引起的疾病 有许多霉菌会侵犯活的植物而使植物发病。樱花的树枝如果发生簇叶病，就不会开花，并且那段树枝也会枯萎。

■蕈类与昆虫 （1）冬虫夏草 冬虫夏草是一种蕈类的同类植物，它侵入虫的体内，将虫杀死后就在虫体内生长，不久就长出蕈体。

（2）白蚁自己栽培蕈类 有种白蚁会将土中的蚁巢空出一部分，做成蕈床栽培蕈丝，以作为自己的食料。

地衣

杜鹃肿瘤病

橙黄毒菇 菇伞2厘米~4厘米，高5厘米~7厘米，毒性极强，误食会有生命危险，夏天和秋天常生长在茂密林地中。

软丝多孔菇 菇伞约1厘米，高2厘米~3厘米，粉白色，夜晚会散发些微亮光，夏天长在潮湿的烂木头上。不可食。

丝膜网孔菇 菇伞2厘米~4厘米，高4厘米~6厘米，肉质细嫩，外表覆有紧密丝膜，夏秋在高山的松树林中极常出现。

墨水菇 菇伞直径1厘米~2厘米，高1厘米~3厘米，无毒，在夏秋季节下雨后即成群生长在烂木头上，一天即消失。

迷孔瓦片菇 外形呈片状，生长在枯木枝头，直径约5厘米，夏天时在山区中常见，没有食用价值。

恺撒菇 菇伞直径3厘米~5厘米，柄高8厘米~12厘米，颜色黄红相间，非常鲜艳，夏秋生长于阴湿的阔叶林中。

盘菌 外形呈碗盘状，直径最大可达5厘米~6厘米，质地脆嫩，但不适合食用，秋天时在坡地或山路旁常被发现。

小圆马勃 白色圆球状，直径1厘米~2厘米，夏秋出现在草地上或山路旁，幼小时细嫩可食，老化后则不适合食用。

大网孔菇 菇伞6厘米~10厘米，柄高8厘米~10厘米，粗可达2厘米，体形壮硕，可食用，夏、秋间在高山上常见。

毒环柄菇 菇柄可高达20厘米，菇伞直径5厘米~10厘米，体形壮硕，有毒。

铁线纸皮菇 菇柄细长似铁线，菇伞则似牛皮纸，小巧可爱，春夏常出现在树林落叶上。

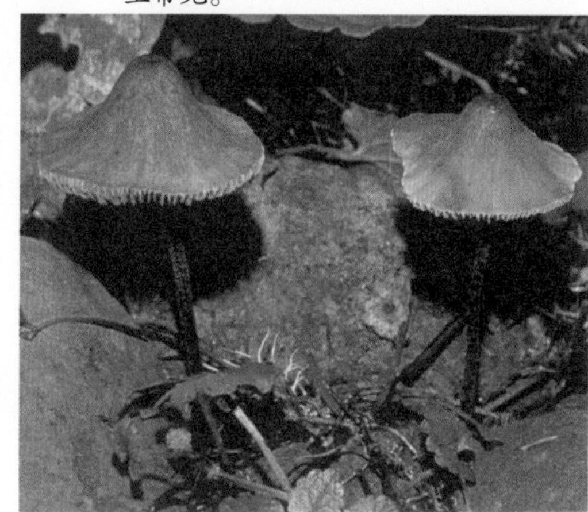

斗笠菇 菇伞3厘米~4厘米，高6厘米~8厘米，伞形像斗笠而得名，质地纤维状，所以不具有食用价值，秋天时长在路旁。

海藻类

藻类是身体构造非常简单的植物，生长于水中。不开花，以孢子或卵来繁殖。身体颜色不同的藻类，进行光合作用的组织也大不相同，因此可以依它的特征而分为红藻、褐藻、绿藻等。

在海里的藻类称为海藻，如海带、裙带菜等，多半是大型的藻类。生长在池塘及湖泊里的淡水藻则多半是小型的藻类。

◀笠藻

▼海藻

▲海藻

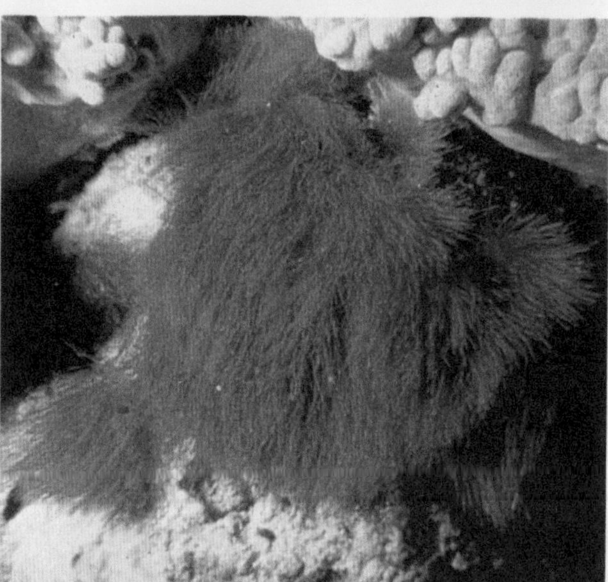

▶海藻

北方赤盾藻

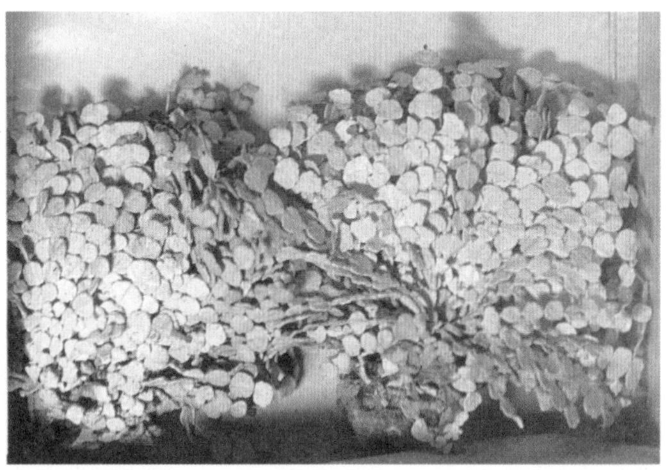
换形仙掌藻

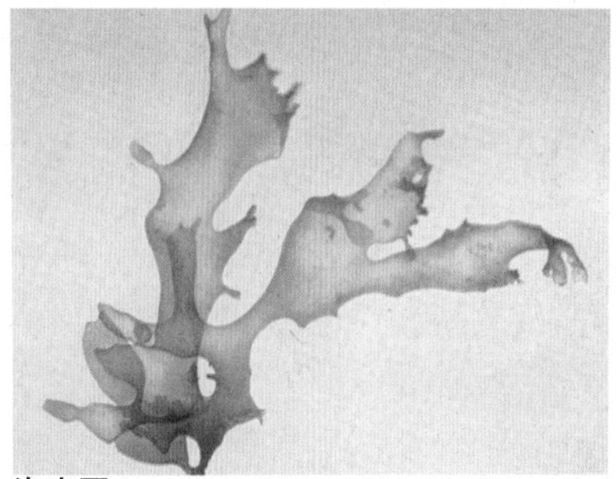
海木耳

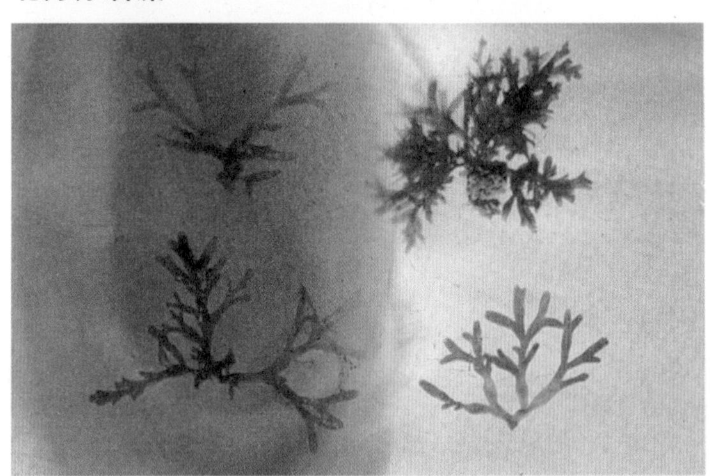
硬盾果藻

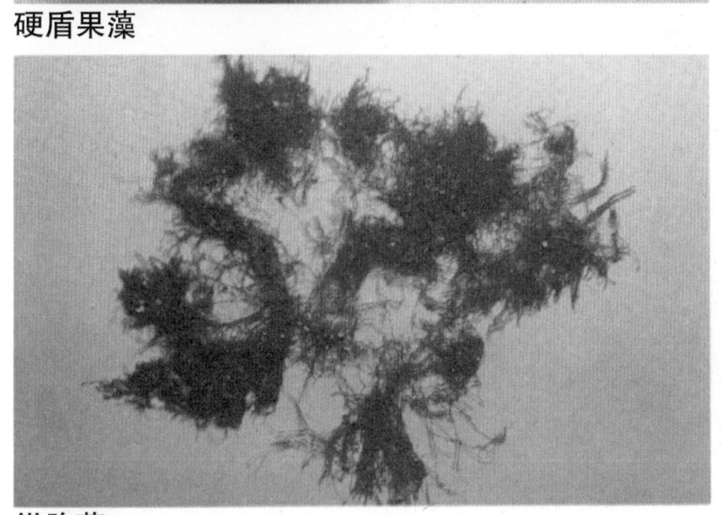
纵胞藻

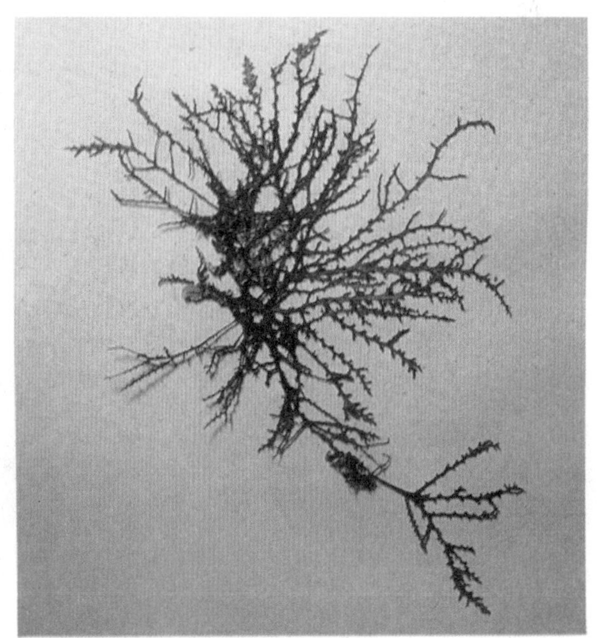
鱼栖苔

苔藓类植物

平常所见到的地衣类的苔体，是制造雌、雄生殖器官的物体。在这个苔体的上面，有制造孢子的孢子囊。苔藓类中有地钱的藓类、金发苔的苔类，以及角藓的角藓类三大类。目前世界上已知的有25000种左右。

角藓

小金发苔 右上图是它的孢子托。

地钱藓 以孢子和芽孢片（由表面上杯状的芽孢杯里生出来）来繁殖。

地钱的雌托

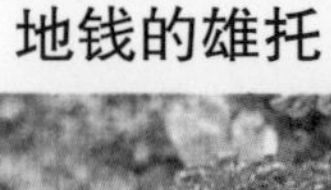

地钱的雄托

蕨类植物

蕨类植物大小不一，小的1厘米~2厘米，大的可达到十几米，像树一样大。

世界上的蕨类共有11000种左右。大致可分为松叶蕨、石松、木贼、真蕨（狭义的蕨类）4大类。蕨类与地衣类植物相同，用孢子来繁殖。

伏石蕨 椭圆形的叶片。当营养叶发展为繁殖叶时，叶片变成长条形，上面覆满黄色的孢子囊。

瓶蕨 圈内黄色部分是瓶蕨的孢子囊。

卷柏

铁线蕨 叶高20厘米~50厘米，形状如孔雀开屏一般，入冬便枯萎。

山苏花

松、杉等植物

松、杉的花虽然和柿子、南瓜一样分为雄花和雌花，但如果观察一下雌花，就可以知道松、杉的雌花没有相当于子房之类的器官，而是将胚珠裸露出来。

松、杉类的同类植物被称为裸子植物。意思是说，胚珠以及胚珠成长为种子期间，胚珠及种子都是裸露的。像苏铁、银杏等都是裸子植物。

▲松芽

◀五叶松

铁杉▶

▲龙柏

▲冷杉林

▲**银杏** 银杏科，春季开花。果核（白果）可食。

◀**红桧** 为台湾各“神木”主要树种之一，木材坚硬不易腐坏，是很高级的建筑材料。著名的“阿里山神木”就是一株红桧。

◀**二叶松** 针叶成束，每束多为两叶，故称为二叶松。

▼**黄金扁柏** 柏科，种植在庭院、公园内。

樱、菊、稻等的同类植物

樱、菊、稻等的同类将胚珠包裹在雌蕊的子房里面。由于胚珠将会变成种子，因此便把这一类植物称为被子植物。被子植物分为双子叶及单子叶植物两类，双子叶植物的子叶有2枚，叶脉呈网状，如樱、菊等；单子叶植物的子叶有1枚，叶脉平行，如稻、百合等。

双子叶类又可分为合瓣花类、离瓣花类。花瓣合在一起的是和瓣花类，花瓣分离的是离瓣花类。

鸭跖草

春季开花的种类

▲台北堇菜

◀刺莓

▼狭瓣华八仙

梨花

桑

樱花

桃花　（右上）重瓣桃花，（右下）桃子

木棉花　（右上）花苞，（左下）棉絮，（中）花

李花

桃叶珊瑚

大香叶树

阿里山榆

乌皮九芎

◀钟萼木

▼孔雀花

木春菊 大花咸丰草 台湾唐松草

风轮草 野鸦椿 胡麻花

三叶五加 扛板归 青刚栎

洋菊

矮牵牛

石月

吕宋荚蒾

日本蛇根草

戟叶紫花地丁

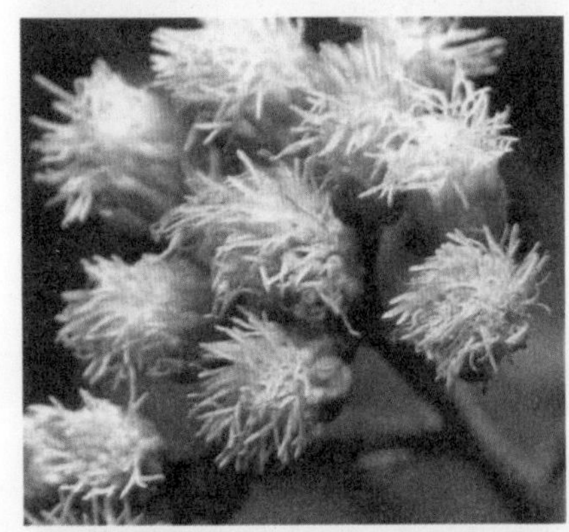

白花藿香

紫花藿香

月桃花 （右下）月桃的果实

梅雨季开花的种类

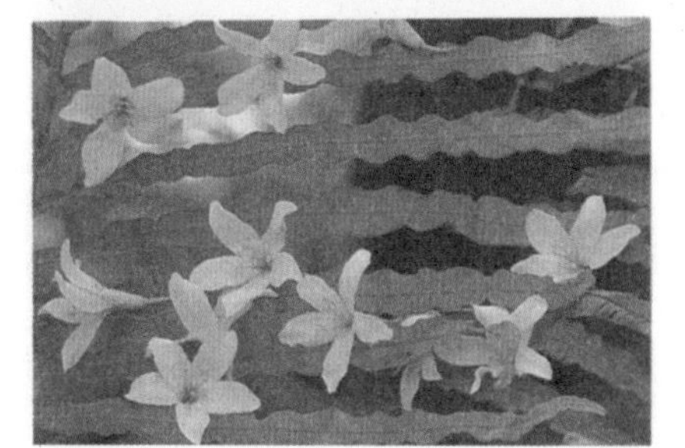

油桐　（左上）油桐花，（左下）近看油桐花，（右）茂盛的油桐

台湾何首乌

有骨消

红星杜鹃

昆栏树

煮饭花

万寿菊

庭菖蒲

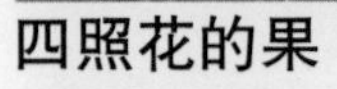
四照花的果

厚叶卫矛

大岩桐

木荷

台湾金丝桃

西施花

野牡丹

乌田氏泽兰

芋叶括楼

石碇佛甲草

臭黄荆

野当归

尖瓣花

台湾黄精

南烛

夏季开花的种类

洋地黄

台湾泽兰

球兰

木槿

九重葛

孤挺花

黄色鼠尾草

蝶豆

台湾肺形草

谷精草

颔垂豆

角桐草

菝葜

仙草

金午时花

菜栾藤

九芎

台湾土茯苓

琉璃繁缕

雀舌草

稃莶

水鸭脚秋海棠

俄氏草

含羞草 因手轻触后叶会下垂，看起来像害羞一样而得名。它跟豆类植物是近亲，结出的果实有豆荚。

白珠树

香叶草

大叶仙茅

水毛花

银毛树

蓬莱珍

台湾龙胆

长叶厚壳树

秋季开花的种类

蒲公英

茄子

野菰

青棉花

芦笋

山菊

倒地蜈蚣

非洲菊

新竹腹水草

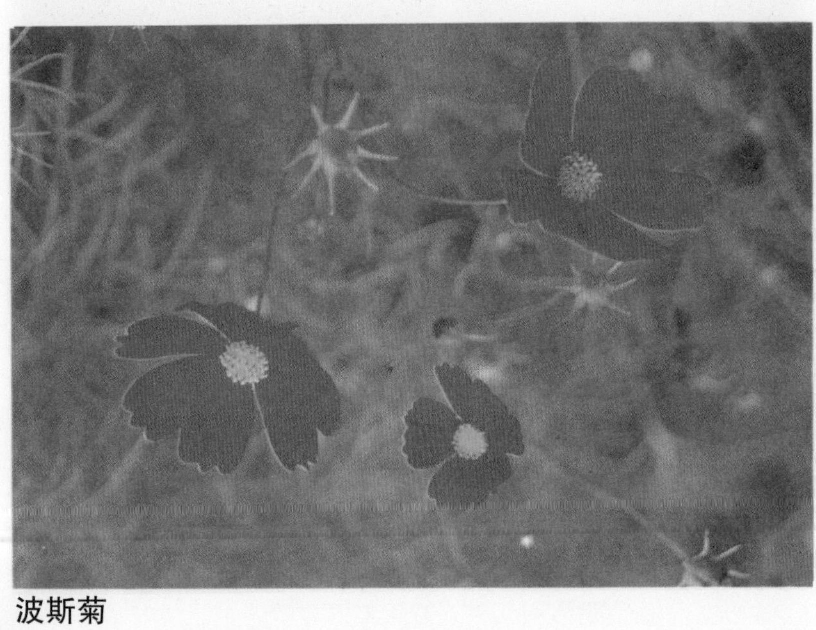
波斯菊

落地生根

番茄 番茄有许多品种，图示的番茄植株高约一米半，开黄色小花，花谢后结大型果实。

橘花

岛槐

鸭跖草

石蒜花

鹅掌柴

五节芒

冬季开花的种类

仙客来

郁金香

变叶悬钩子

圣诞红

冷清草

山猪肝

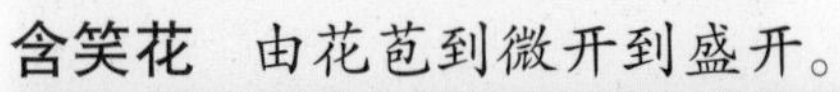
含笑花 由花苞到微开到盛开。

松叶牡丹

山羊耳

乌心石

水仙花

南美朱槿

梅

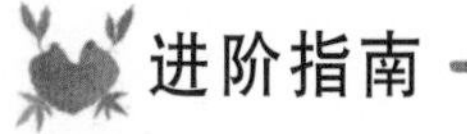

进阶指南

温室的植物　洋兰、九重葛、扶桑等热带植物，如果冬季不放在温室内，就无法生存。木瓜、杧果等果树放在温室内能够生长得更加茁壮，并可以结出美味的果实。

康乃馨、金鱼草等草本花也可以放在温室里培养，即使在冬季，它们也能在温室里不断开放美丽的花朵。

木瓜花

木瓜

2 发芽与成长

发芽的条件

◉种子发芽与水的关系

种子长出芽来叫作发芽。把种子播种在土壤中，经过浇水之后，不久便会开始发芽。种子需要多少水分才会发芽呢？水分是不是越多越好呢？

实验 观测大豆需要多少水分才会发芽。

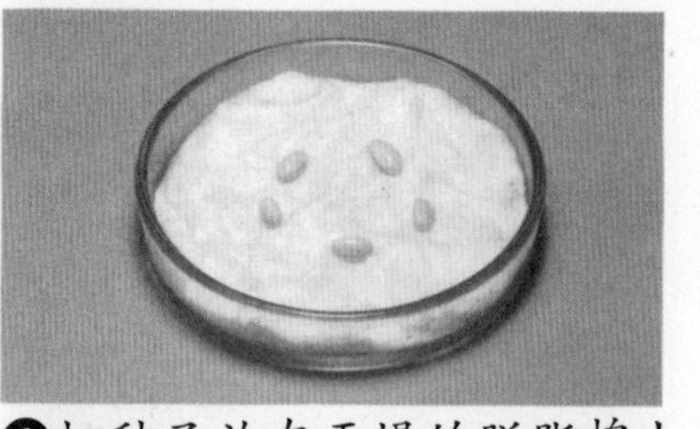

❶把种子放在干燥的脱脂棉上。

不会发芽。

❷把种子放在潮湿的脱脂棉上。

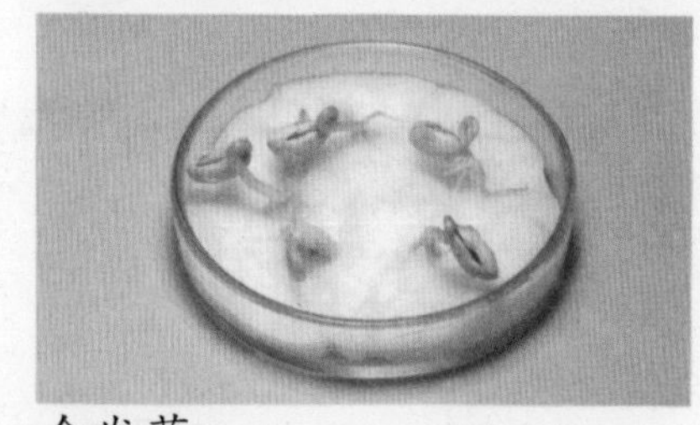

会发芽。

❸铺上脱脂棉并加入多量的水。

种子会胀大但不会发芽。

按照左图的方式在3个培养皿中摆放脱脂棉，然后在脱脂棉上放置相同数目的大豆种子。❶摆放的是干燥的脱脂棉，❷摆放的是潮湿的脱脂棉，❸摆放的是加入多量水的脱脂棉。

◆经过2、3天后，仔细观察每个培养皿。❶的干燥脱脂棉上的种子未起任何变化，也没有发芽。❷的潮湿脱脂棉上的种子吸收水分后慢慢地鼓起，然后开始发芽。

但是，❸的培养皿中放了多量的水，种子吸收水分后也鼓胀起来，但没有发芽，不久之后种子却腐烂了。

学习重点

❶水、空气和温度等都与种子的发芽互有关联。
❷种子里有胚，胚中含有发芽所需的养分。
❸植物的成长会受阳光或肥料等的影响。
❹植物生长的土壤中含有水和空气等物质。

实　验　如果水分过多，是不是任何种类的种子都无法发芽？

❶把种子放在干燥的脱脂棉上。

不会发芽。

❷把种子放在潮湿的脱脂棉上。

会发芽。

❸铺上脱脂棉并加入多量的水。

会发芽。

利用水稻的种子做实验，实验的过程和大豆的实验相同。

◆❶的情形和大豆的实验相同，干燥脱脂棉上的种子并没有发芽。但是，❷和❸的种子却都发了芽。

❷的水量刚好覆盖着种子，种子不但发芽而且还长出根来。但是，❸的水量很多，水的高度为10厘米左右，种子的芽伸展得很长，根却只长出一点点。

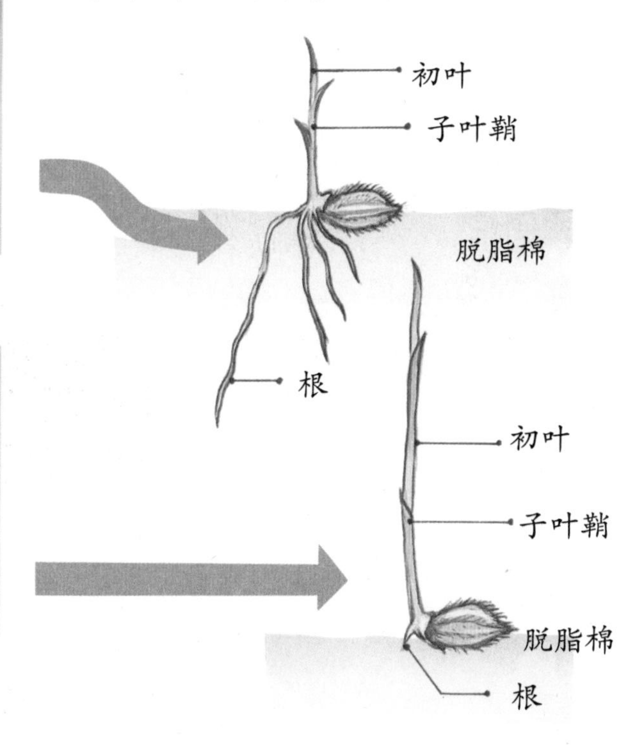

要点说明

种子需要足够的水分才能发芽。但是，种子的种类很多，每一种所需的水分不同，有些种子（例如大豆）如果吸收过多的水分便无法发芽了。

◉种子发芽和空气的关系

由大豆的发芽实验可以看出，水分过多时，种子吸收水分之后会膨胀，但不会发芽。这究竟是什么原因呢？让我们一起来研究看看。

先在一个培养皿中铺放脱脂棉，并加入水分，水面刚好盖住脱脂棉。接着在另一个培养皿中铺放脱脂棉，并加入多量的水，两个培养皿中都摆放着同样数目的大豆。不久之后，第一个培养皿中的种子开始发芽。在发芽的培养皿中，脱脂棉的大豆种子能和空气接触。相反地，在不发芽的培养皿中，因为水分过多，大豆的种子因此无法和空气接触。

能和空气接触

把种子放在潮湿的脱脂棉上。

会发芽。

铺上脱脂棉并加入多量的水。

不会发芽。

进阶指南

生存达2000年的莲花种子 1951年4月，日本的大贺一郎博士在日本千叶市见川町的某一个深5.4米的泥煤矿中，发现3颗古代的莲花种子，这3颗种子的生存历史大约有2000年。大贺博士把种子的硬皮割开后再用水加以培养，结果这些“睡”了将近2000年的种子竟然冒出芽来。1952年7月，这些种子终于开出粉红色的花朵。莲花的幼苗分散于世界各地，后来也传入了中国，并在中国各地相继绽放。

保留2000年后，这些种子也许还能开出莲花来。

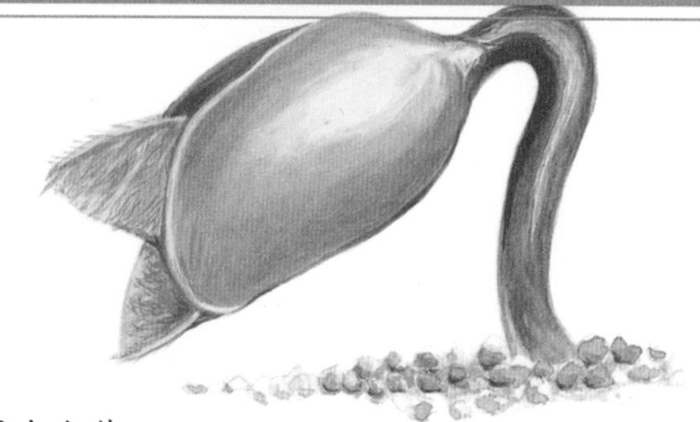

那么，如果让水中的种子接触空气，水中的种子会不会发芽呢？现在我们不妨用排气泵来做试验。

实验 朝水中的种子输送空气，看看种子是不是会发芽。

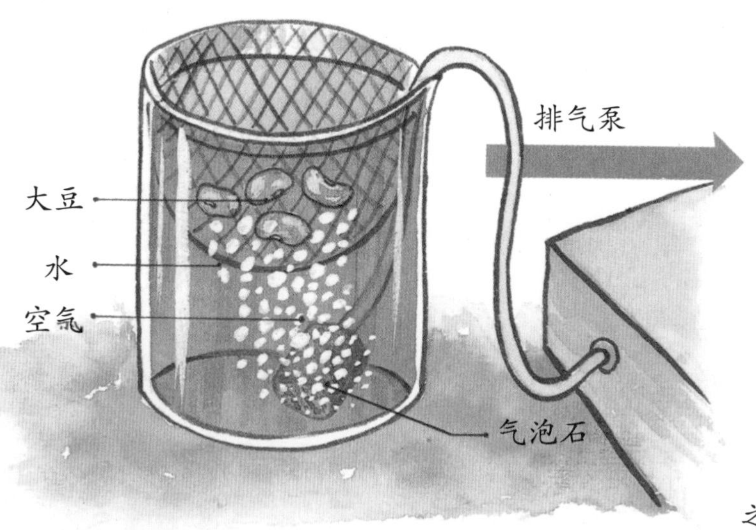

像上图一样把水注入烧杯中，然后在烧杯里放置一个网，网里摆放数颗大豆，接着利用排气泵从网的下端输送空气。

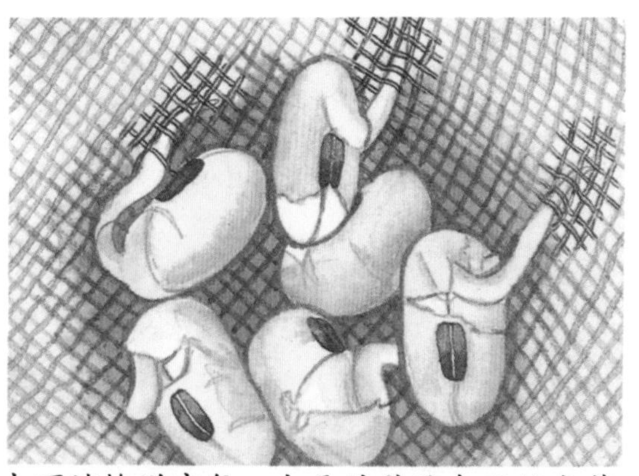

由下端输送空气，大豆的种子会开始发芽。

因为空气从杯底往上输送，经过2、3天之后，水中的大豆种子会开始发芽。

由这个实验得知，种子需要空气才能顺利发芽，而发芽所需的空气分量又因种子的种类而各有差异。

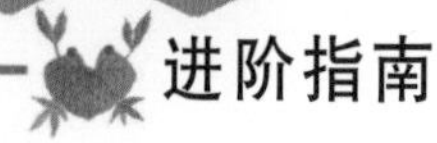

要点说明 种子需要空气才能发芽。

进阶指南

空气和发芽 水稻是一种水草，所以与在陆地上发芽及成长的植物不同，水稻可以在空气稀少的水中发芽。但是，在发芽之后，水稻依旧需要多量的空气才能成长。在2个装满水的广口瓶中，放入相同数目的水稻种子，好让水面和空气接触，此外，在另一个培养皿中铺放潮湿的脱脂棉，并在脱脂棉上放置相同数目的种子。把这3个容器摆在同一个地方，右图便是种子发芽后的成长情形。加了盖子的广口瓶里的种子虽然会发芽，但不会继续伸展。

水稻在不同条件下发芽的情况

种子发芽和温度的关系

种子发芽和水及空气都有密切的关系。如果在同一天播种向日葵和玉米等植物的种子，每种植物所需的发芽日数都不相同。除了水和空气之外，种子发芽似乎还需要其他条件来配合。每当春季降临，天气变暖之后，各种植物的芽便开始陆续生长。由此看来，种子发芽是不是也和温度有着密切的关系？

实验 在不同温度的地方播种并观察发芽的情形。

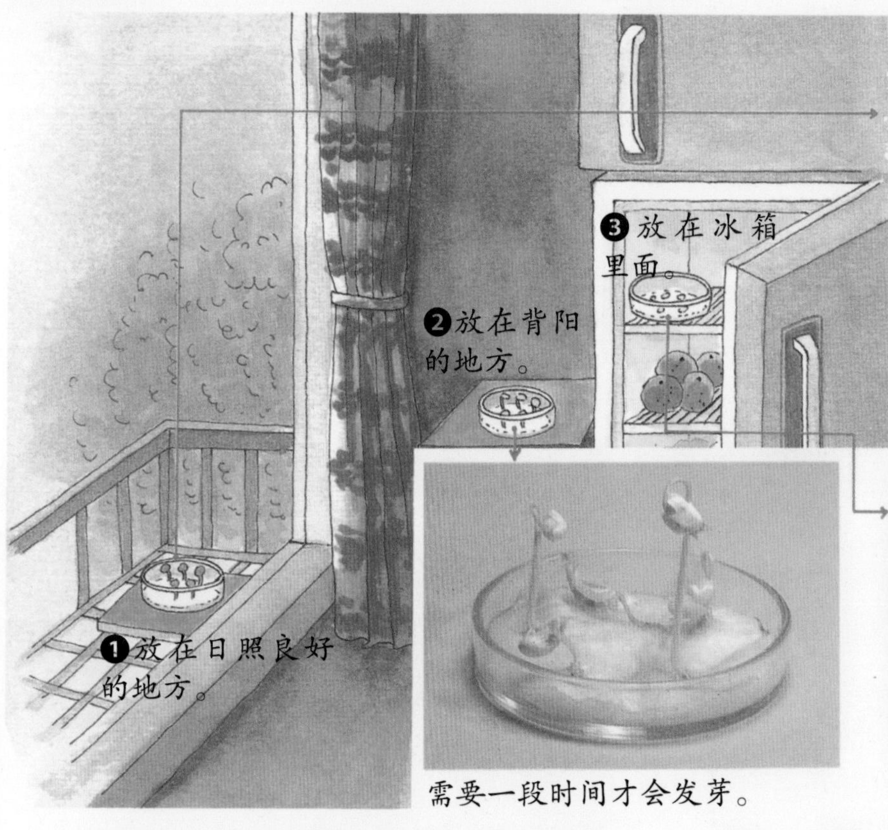

迅速发芽。

需要一段时间才会发芽。

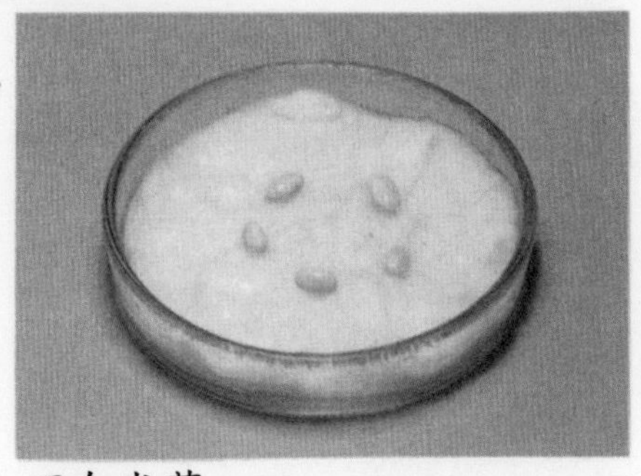

不会发芽。

在同样大小的容器中放置潮湿的脱脂棉，并在脱脂棉上放置同样数目的大豆种子，然后把容器分别放在图中❶至❸的各个不同位置以便进行实验。

经过4、5天之后，❶的种子发芽情况非常良好，但❷的种子只发出短芽，而❸的种子却不发芽。

由上面的实验得知，种子若要发芽，必须配合某种程度的温度。

实 验 观察豌豆的种子需要什么样的温度才会发芽。

像右图一样把豌豆的种子放在定温器里，定温器的温度分别维持在0℃、15℃、25℃、45℃。而定温器里的培养皿必须随时保持潮湿。

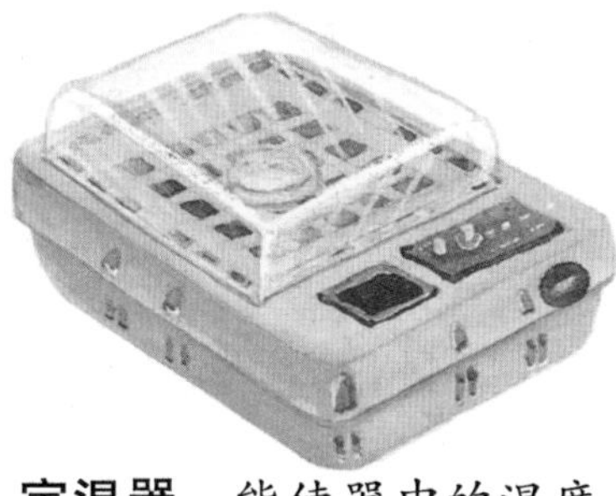

定温器 能使器中的温度维持一定的仪器。

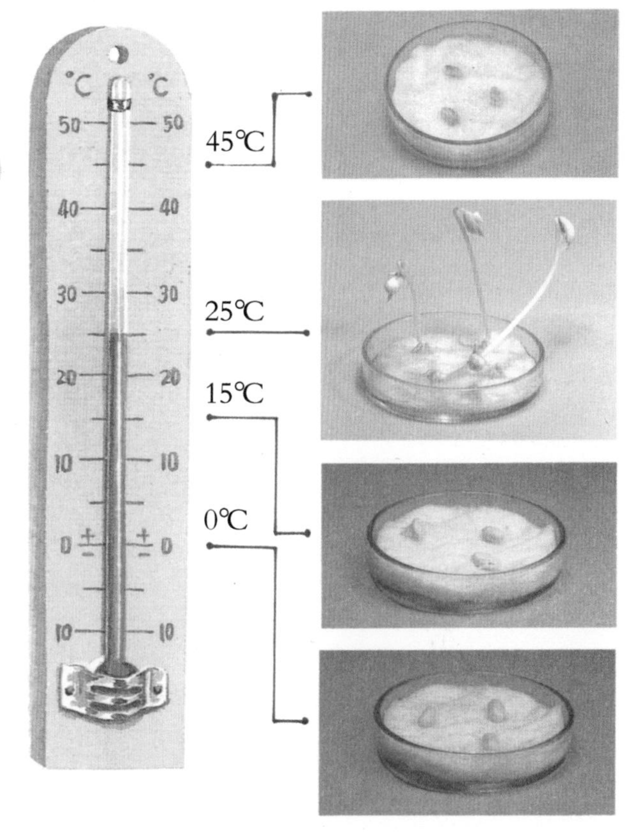

实验的结果是，放在0℃中培养的种子即使经过数日却不发芽，放在15℃中培养的种子在第10天左右开始发芽，而放在25℃中培养的种子在第二天便开始发芽。但是放在45℃中培养的种子不但不会发芽，而且还会渐渐地腐烂。

◈由上面的实验得知，豌豆的种子若要发芽，必须配合某种程度的温度。一旦温度太低或温度太高，种子都无法发芽。

要点说明

种子若要发芽，必须配合某种程度的温度。对豌豆的种子来说，温度太低或温度太高都不会发芽，必须配合一定的温度。如果在同一天播种向日葵和玉米的种子，二者所需的发芽日数并不相同，这是因为不同的种子必须配合各自不同的发芽温度。

动脑时间

种子的发芽温度 每一种种子的发芽温度都是一定的。右表显示5种植物发芽所需的最低温度、最适宜温度和最高温度。

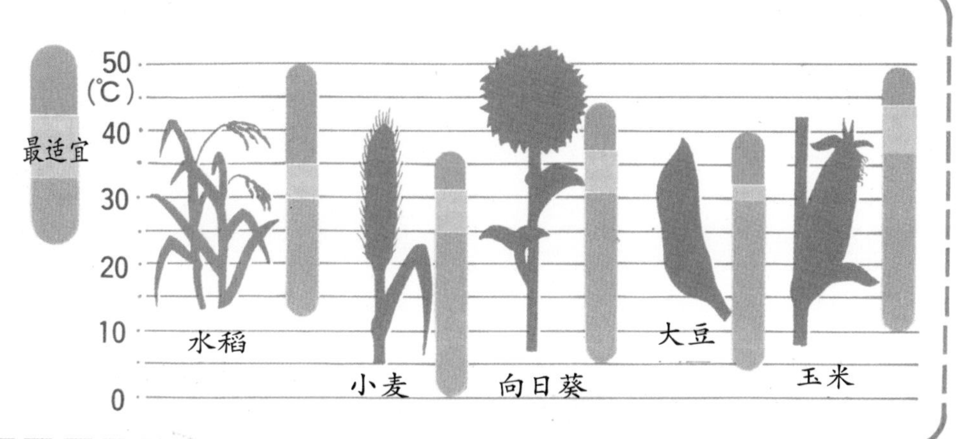

种子发芽和水、空气、温度的关系

种子若要发芽成长，水、空气和温度都是必备的条件。如果这3项条件中缺了任何一项，种子是不是依旧能够发芽呢？

大豆的种子在深水中无法发芽，但是如果利用排气泵从水底输送空气，种子将会发芽。由此我们得知，种子发芽时，空气和水都是必备的条件。那么，如果有了空气但水温较低，种子是不是能够发芽呢？

发芽和水温 按照下图的方式做实验，观察水温3℃和30℃时种子的发芽情形。实验结果证明，水温3℃时，种子不会发芽，但水温增加到30℃时，种子会开始发芽。

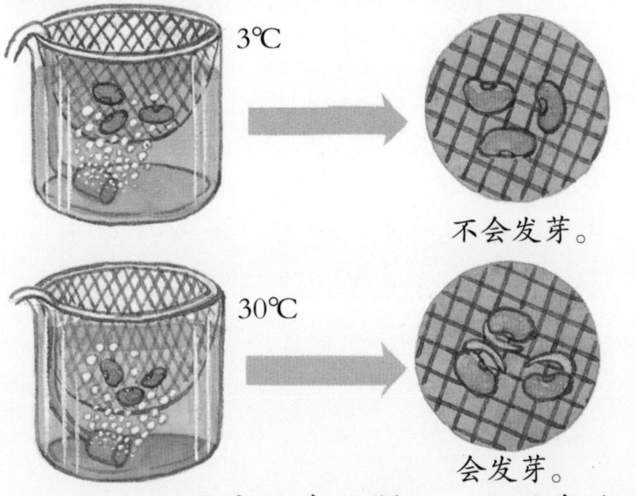

由上面的实验我们得知，只具备水和空气两项条件并不能让种子发芽，必须具备水、空气和温度3项条件才能让种子顺利地发芽。

换句话说，上述的3项条件如果缺少其中任何一项，植物的种子便无法发芽。

在田里发芽的大豆

种子发芽和土壤的关系

如果把种子植入土壤中，不久之后，种子会开始发芽。由这一点来看，土壤中是不是具备了水、空气及温度3项条件呢？

土壤中的水分 首先，让我们一起来调查土壤，看看土壤中是不是含有水分。把土壤放在铁板上，利用酒精灯在铁板下烘烤，土壤的颜色会慢慢地变白。拿一块玻璃片放在土壤的上方。玻璃片上会出现许多水滴。另外，把烘烤前和烘烤后的土壤分别称重，会发现烘烤后的土壤重量较轻。由这个实验我们得知，土壤中确实含有水分。

土壤中的空气 土壤中究竟有没有空气呢？把种着植物的花盆放入水中，或者把栽种植物的泥土挖起然后放进水里，泥土散开之后，会冒出许多气泡，这些气泡就是空气。

由这个实验我们得知，土壤中确实含有空气。

土壤中的温度 接着，让我们来量一量种子发芽部位的土壤温度。地面下5厘米左右的温度大概是20℃，而这个温度适合所有的种子发芽。由上面各种实验看来，土壤确实具备了水、空气和温度3个必要条件，所以是栽培植物的最佳物质。

秋天时，掉落在土壤上的种子不会立刻发芽，必须等到春季土壤的温度上升后，当3项要素全部具备时，植物的种子才会开始发芽。

种子发芽和其他条件

我们已经知道水、空气、温度是种子发芽必备的条件。除了这些要素之外，土壤、阳光或肥料等是不是也是种子发芽必备的条件呢？

实验 没有土壤或阳光时，种子是不是也会发芽？

如果具备水、空气和温度3项条件，那么在上面的每一个实验中，种子均能够发芽。

◆由上面的实验我们得知，水、空气和温度是种子发芽的必备条件，但是，土壤、阳光或肥料却不是发芽必备的要素。因此，种子在黑暗的土壤中或其他暗处也能够发芽。

然而，有些种子如烟草等却必须有光线才能发芽。相反地，有些种子如南瓜等如果受到光线照射便无法发芽了。

要点说明 水、空气和温度是种子发芽的必备条件，如果缺少任一项，植物的种子便无法发芽。而土壤、阳光或肥料却不是种子发芽的必备要素。

种子的构造

◉ 种子的内部

如果有许多外在的条件作为配合，种子会慢慢地发芽成长。但是，种子的内部构造是什么样呢？种子的内部有没有孕育芽和根的部位？

水稻发芽

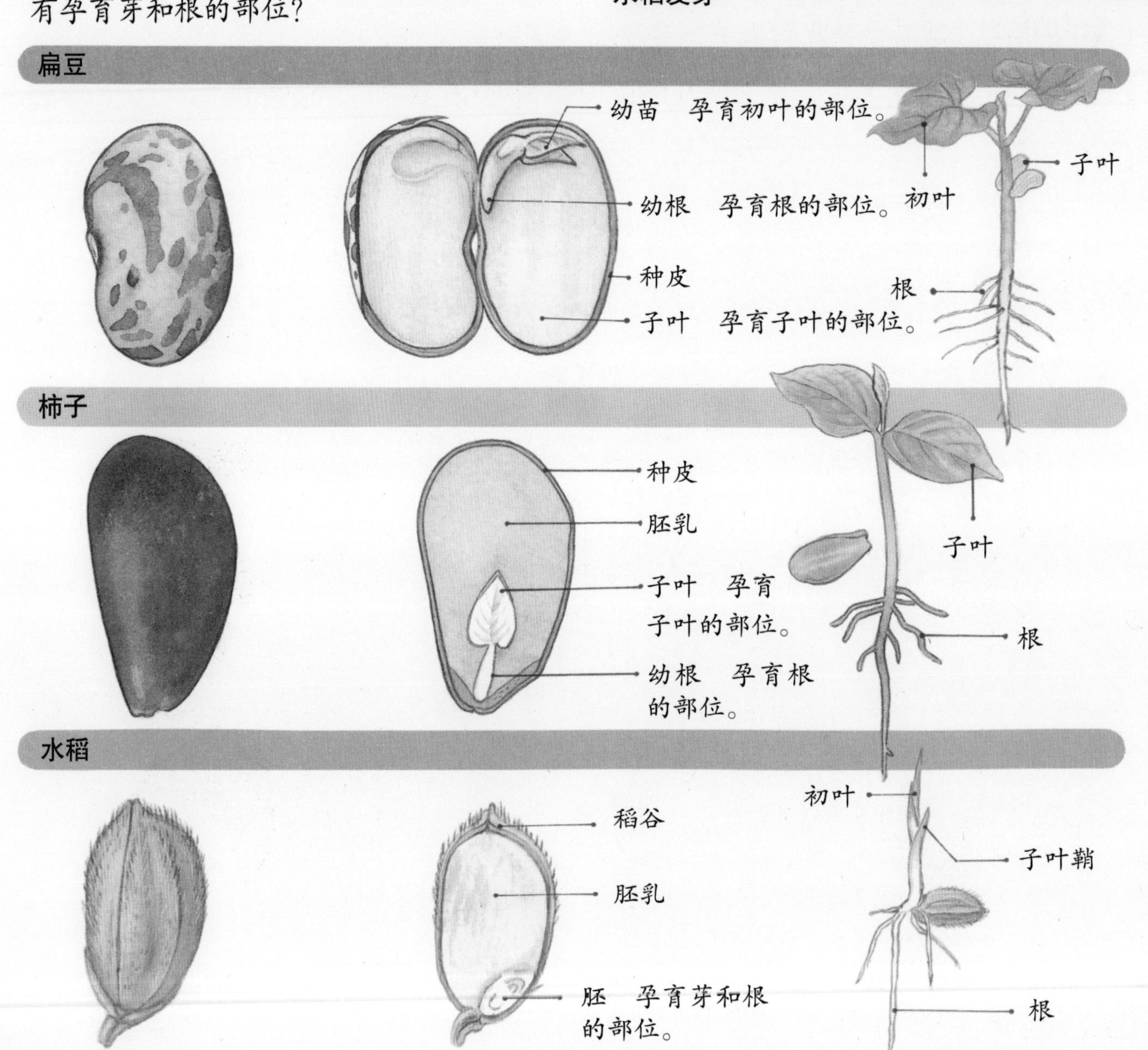

扁豆和柿子的种子外部均有种皮包覆着，而水稻的种子外侧则由稻谷（稻皮）包裹。在播种之后，这些种子孕育芽和根的部位称为胚。

扁豆种子孕育芽和根时需利用子叶的部位，而柿子或水稻在孕育芽和根时还需利用胚乳的部位。

把扁豆、柿子和水稻的种子剖开来观察，你会发现每一种植物的种子内部构造都稍有不同。扁豆的整个种子内部称为胚。在胚中，孕育芽和根的部位虽然很小，但用肉眼却能清楚地观察出来。扁豆在刚发芽时，孕育初叶的部分称为幼芽，而孕育根的部分则称为幼根。

柿子的种子构造不同于扁豆，胚只是种子的一部分，而孕育子叶、芽或根的部位都在胚中。水稻的胚也是种子的一部分，但孕育芽和根的部位无法用肉眼观察到。在扁豆的种子中，除了孕育芽和根的部分外，还有被称为子叶的部分。发芽之后，子叶的部分就成为最初长出的嫩叶，而子叶的部位占种子的绝大部分。柿子或水稻的胚以外的部分被称为胚乳，胚乳也是占种子的绝大部分。

由上述的情形我们得知，扁豆、水稻和柿子的种子里均有孕育芽和根的部位。在种子发芽之后，这些部位会长出芽和根来。此外，因为孕育芽和根时所利用的部位不同，这些种子的内部构造又分为子叶和胚乳两大组别。

构造和扁豆相似的种子

南瓜

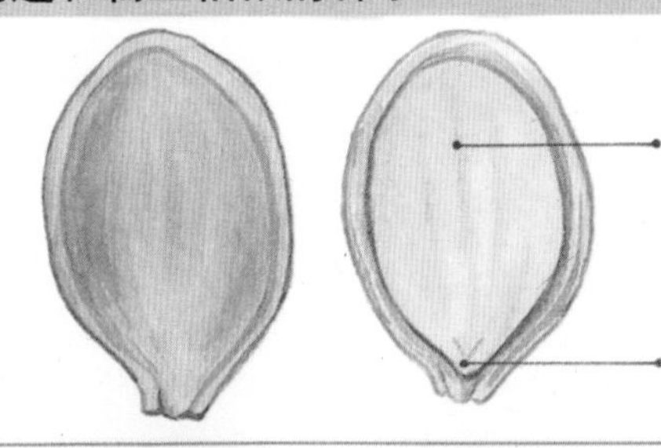

蚕豆

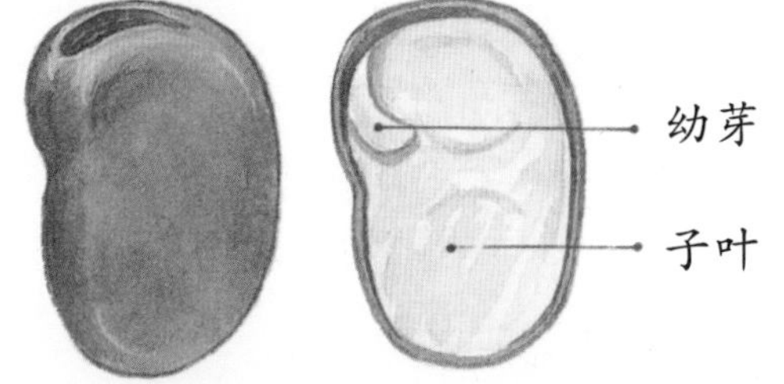

向日葵

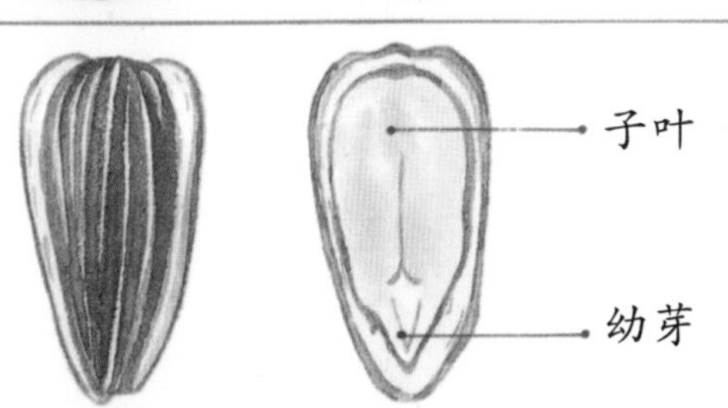

构造和柿子、水稻相似的种子

紫茉莉

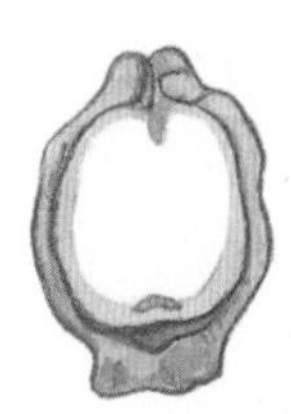

玉米

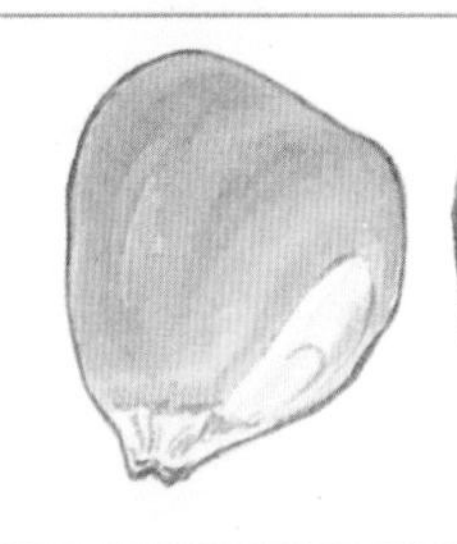
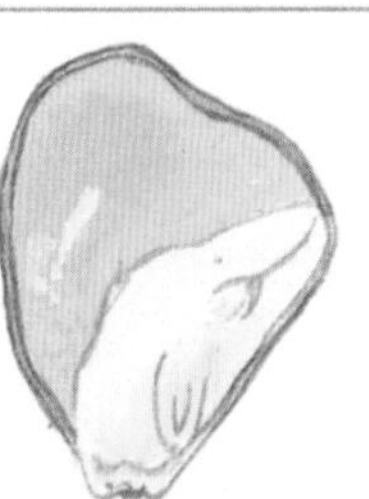

蓖麻

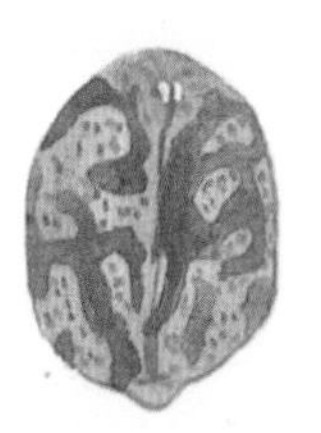
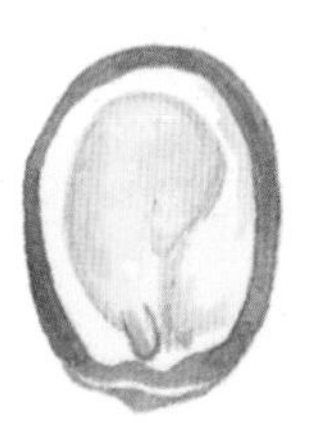

◉种子的养分

扁豆种子的绝大部分是属于子叶的部分，种子发芽后，子叶的部分就成为最初长出的嫩叶。在水稻的种子里，胚乳占绝大部分。

马铃薯是利用种薯中的养分来发芽。那么，扁豆或水稻的种子在发芽时，是不是必须利用子叶或胚乳中含有的养分？下面就是有关的观察实验。

实 验 观察种子发芽时是否必须利用子叶或胚乳中的养分。

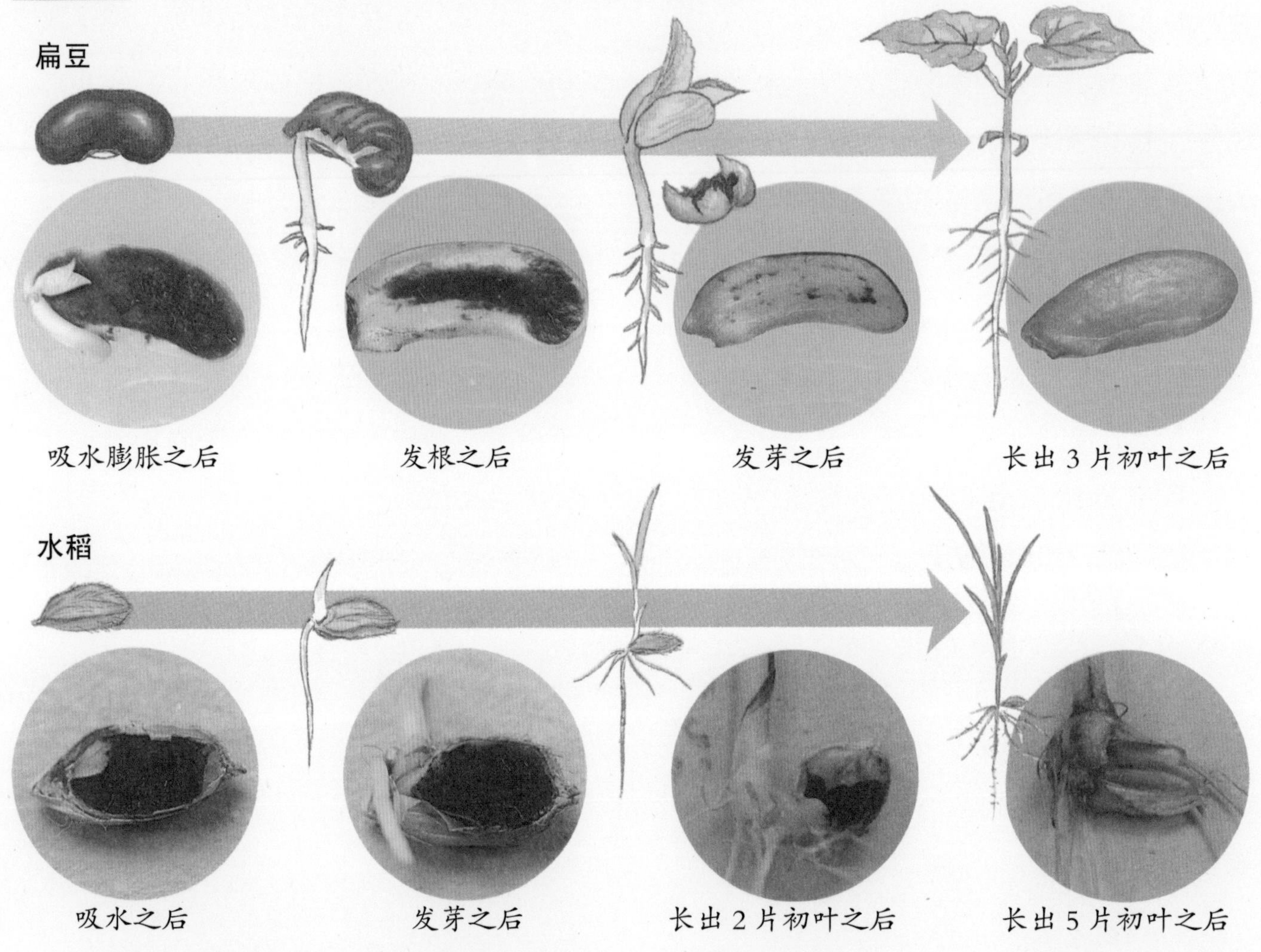

按照上图的方式，在扁豆或水稻种子成长的各个不同阶段中，把子叶或稻谷（稻皮）切开来，并在切口滴上碘液，看看切口的颜色变化情况。

当种子尚未发芽时，切口的颜色在滴上碘液后会呈紫蓝色。但是，当种子开始发芽且芽和根慢慢伸展之后，呈现紫蓝色的部分会慢慢变小。

◆由上面的实验我们得知，种子开始发芽并逐渐成长时，子叶或胚乳的养分（淀粉）会慢慢地被吸收。因为养分被吸收了，所以呈现紫蓝色的部分便越来越小。

我们已由实验证明扁豆的子叶中含有养分。那么，如果子叶中的养分分量减少之后，茎和叶的成长会不会受到不良的影响？下面是有关的观测实验。

实验 切除子叶之后，茎和叶的成长会不会受到不良的影响？

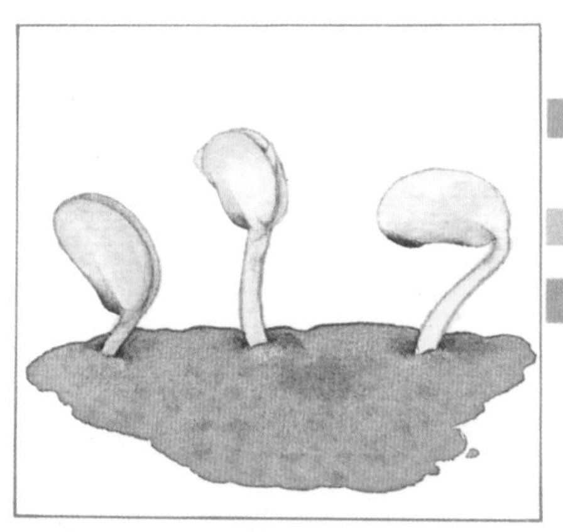

发芽的大豆

按照右图的方式，把3株发芽的大豆的子叶分别保留下来或加以切除，然后调查每一株的成长情形。

经过2周之后，❶会长出2片大型初叶，茎也变得粗大。❷会长出2片小型初叶，茎部较为细小。❸的子叶全部被切除，所以无法长出初叶，茎部也不能伸展。

◆由实验我们得知，子叶中的养分减少之后，茎和叶的成长都会受到不良的影响。

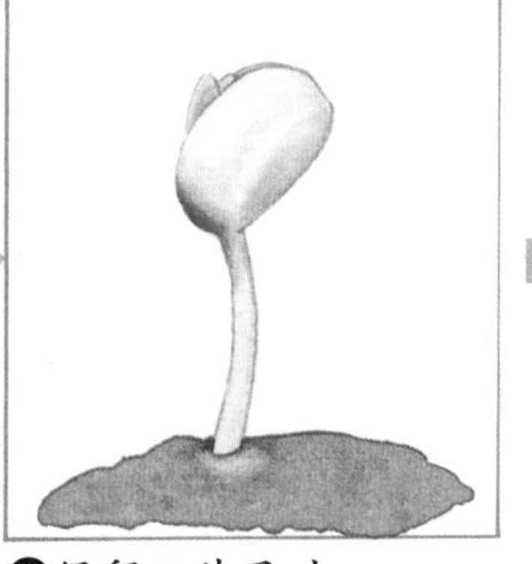

❶保留2片子叶。

初叶发育良好。

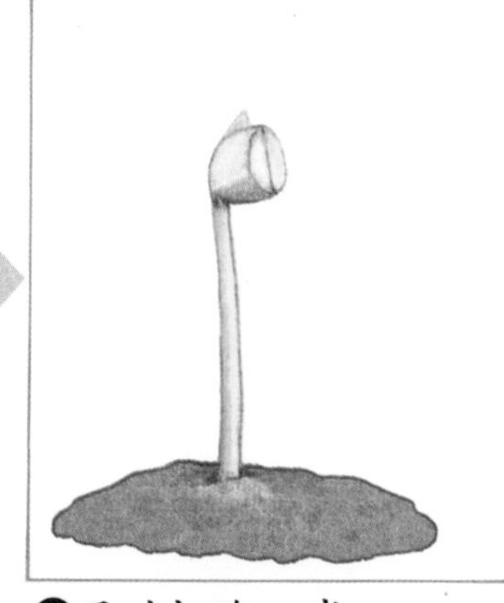

❷子叶切除一半。

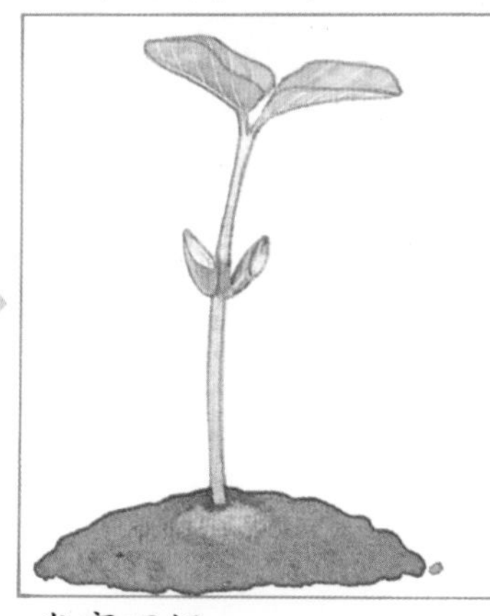

发育不好。

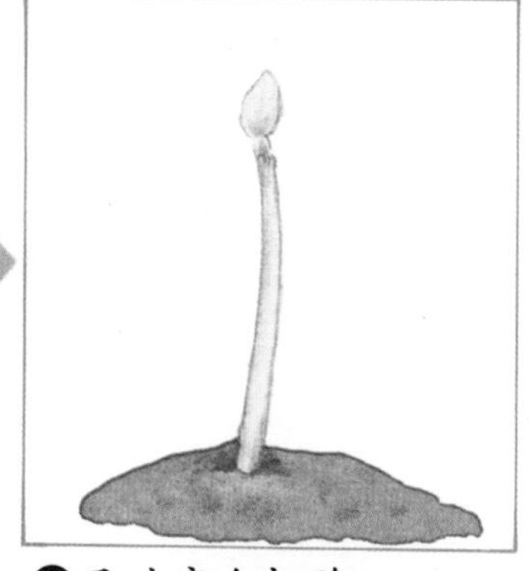

❸子叶完全切除。

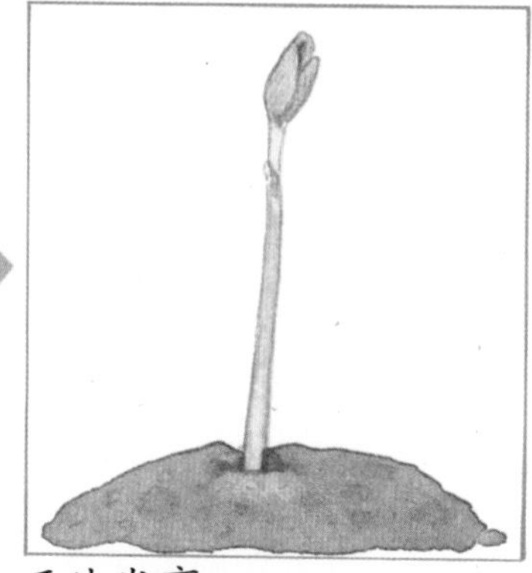

无法发育。

要点说明

扁豆或大豆的种子中含有子叶，而柿子或水稻的种子中则有胚乳。种子发芽时必须利用子叶或胚乳中富含的养分。另外，在发芽后的短时间里还必须依赖这些养分来获得成长。

◉各类种子的发芽情形

发芽后的形状 观察扁豆和水稻发芽后的情形，可以发现两者的芽的形状各不相同。但是，扁豆和牵牛花的发芽情形却很类似，而水稻和玉米的发芽情形也相似。

植物的种子发芽时，芽的形状是不是各不相同？让我们一起播种各类不同的种子，并观察每一种的发芽情形。

只有1片子叶的植物

水稻、小麦、百合或玉米等植物都只有1片子叶，这些植物又叫作单子叶植物。

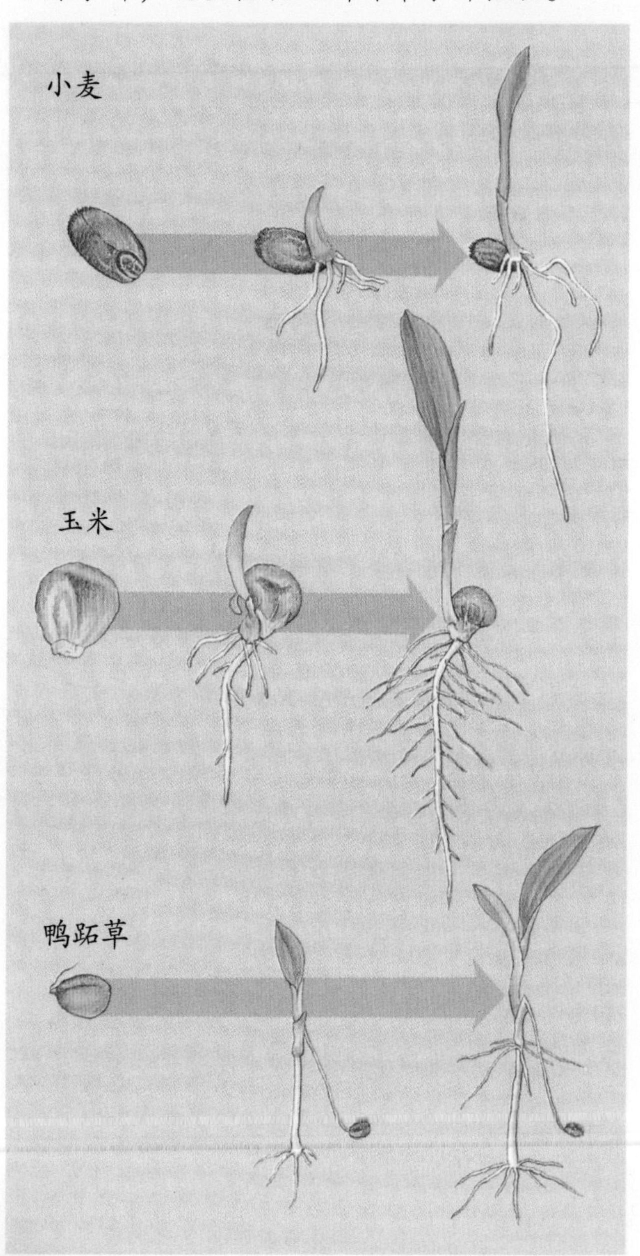

有2片子叶的植物

扁豆、牵牛花、向日葵等的芽会长出2片子叶，这些植物又叫作双子叶植物。

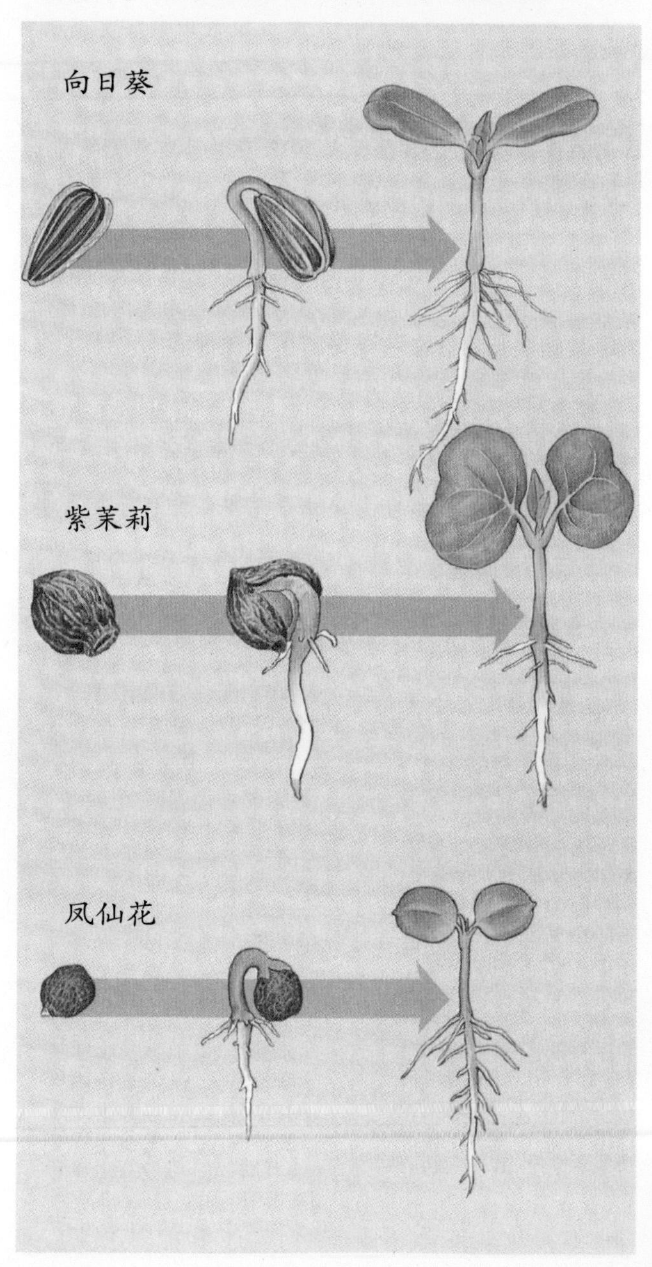

松果 细看松果，它是由许多种子组成的。

有许多子叶的植物

松、杉等的胚芽会长出许多子叶，这些植物叫作多子叶植物。许多裸子植物属于多子叶植物。

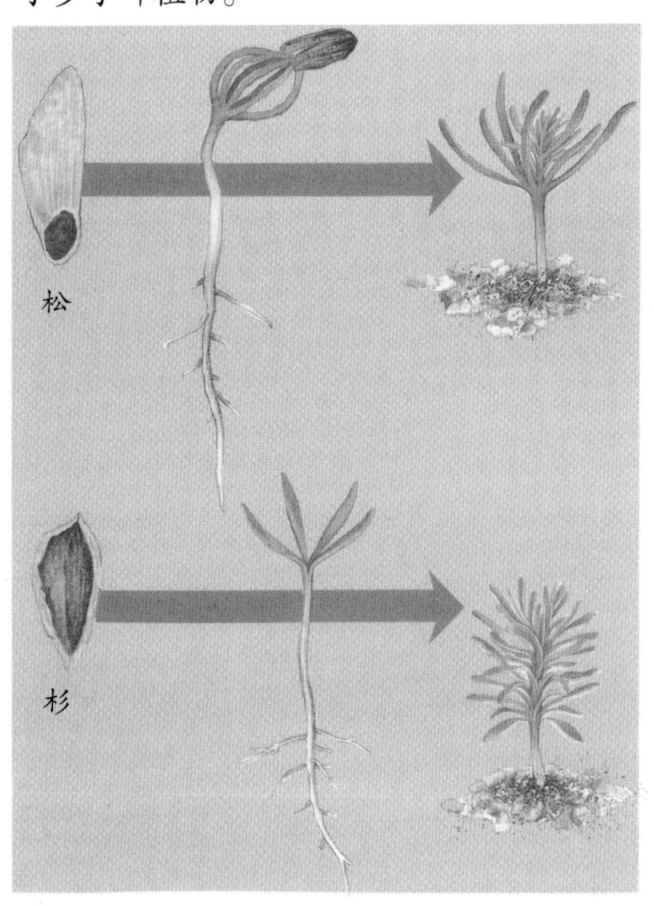

进阶指南

双子叶植物和单子叶植物

牵牛花、向日葵和凤仙花等在种子发芽生长时会长出2片嫩叶来，这种最先长出的叶片叫作子叶，而具有2片子叶的植物叫作双子叶植物，豆类植物、紫茉莉和油菜等都属于双子叶植物。这些植物都有1根粗大的主根，主根的周围会分支出细小的侧根，叶脉都呈网状。

百合或洋葱的种子在发芽之后只会长出1片子叶，这种植物叫作单子叶植物。水稻、小麦和玉米都属于单子叶植物。单子叶植物没有主根，却有许多细根，这些细根又称为须根。单子叶植物的叶脉都呈平行状，称为平行脉。

植物依照种类的不同，可分为双子叶植物和单子叶植物。这两类植物的发芽情形、根的形状和叶子的形状等都各不相同。

除此之外，松或杉的种子在发芽后会长出许多子叶，这种植物叫作多子叶植物。芒或罗汉松等均属于多子叶植物。

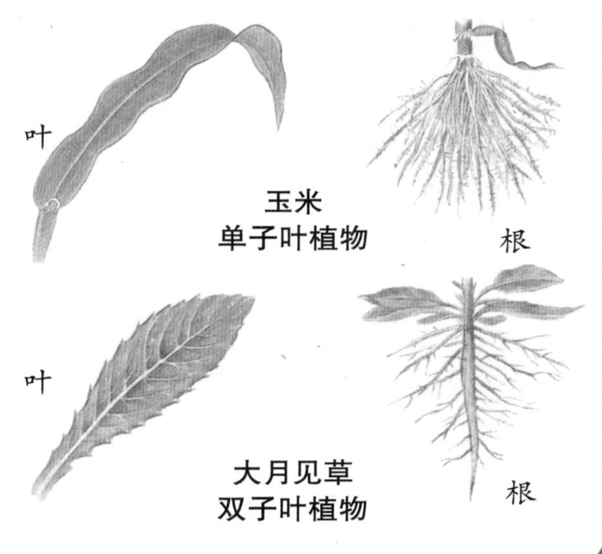

植物的成长与阳光或肥料的关系

◉植物的成长与阳光的关系

在向阳与背阳处成长的马铃薯 在向阳处成长的马铃薯通常发育较为良好，例如茎部粗大、叶片茂密而翠绿。相反地，在日照不良或背阳处成长的马铃薯，茎部通常较为细小，叶片稀少且形状很小，颜色呈淡绿色。种子发芽时，阳光并不是必备的要素。但是种子发芽后若要继续成长，却必须倚赖阳光的照射。

向阳的马铃薯　　背阳的马铃薯

实　验　把在暗处发芽的大豆分别放在向阳处和暗处栽培，并比较二者生长的情形。

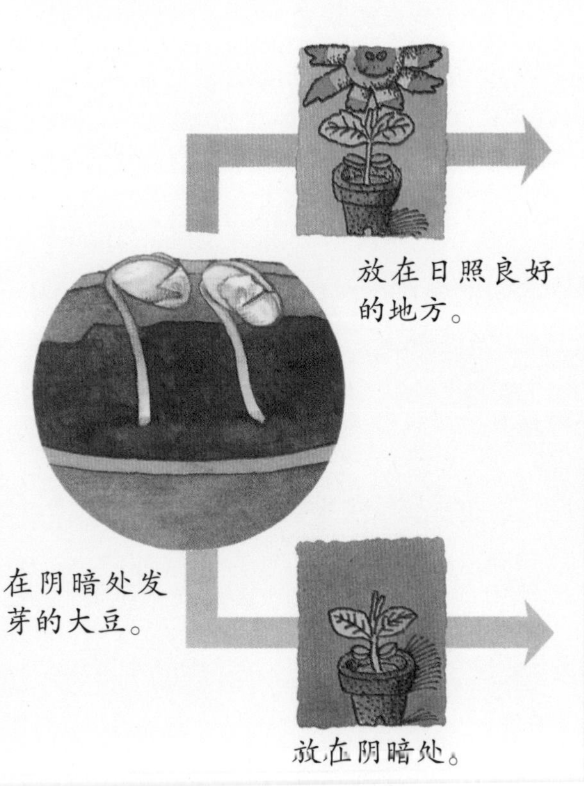
放在日照良好的地方。

在阴暗处发芽的大豆。

放在阴暗处。

长得很结实。

长得很细长。

把大豆的种子种在两个花盆中，把花盆移到暗处并等待种子发芽。种子发芽之后，把其中一盆移往日照良好的向阳处，另一盆则留在暗处继续栽培。

留在暗处的大豆成长之后叶片很小，茎部也很细长，待成长到某个程度之后便停止生长，然后慢慢地枯萎。

相反地，由暗处移往向阳处的大豆，在日照良好的地方栽培2周之后，叶片变得很大且呈深绿色，茎部也长得很结实。

◆由上面的实验我们得知，种子发芽之后，茎、叶等的成长都需要倚赖阳光的照射。

◉叶片的生长位置与阳光的照射方式

马铃薯的叶片经过阳光照射之后会产生淀粉，淀粉是植物生长所需的养分。叶片负责制造淀粉并储存养分，所以叶片的生长位置通常是配合阳光的照射。究竟叶片是如何生长的呢？我们不妨一起进行下面的观察。

观 察 观察植物叶片的生长情形，看看叶片的生长位置是不是迎合阳光的照射。

鸭脚木

非洲凤仙花

红薯

◈从上方观察非洲凤仙花和红薯的叶子时，会发现下层的叶子和上层的叶子并没有互相重叠，而是互相错开地生长。同样地，甘薯的叶子是从爬行于地面的茎部伸展出来，叶片和叶片也相互错开，如此一来，每片叶子均能获得充足的日照。

因为植物的成长必须依赖阳光，所以，叶片的生长位置自然需要迎合阳光的照射。

要点说明 植物在发芽之后必须依赖阳光才能成长，任何植物叶片的生长方式或生长位置，都是迎合阳光的照射，由此，每一片叶子才能获得充分的日照。

进阶指南

叶和茎朝阳光照射的方向伸展 通常，位于日照充足地带的植物都会笔直地生长，但是，如果阳光是由某一个方向照射，植物的茎部会慢慢地朝日照的方向弯曲和伸展。

另外，植物的根则会朝日照的方向以及反方向（也就是较暗的方向）伸展。

笔直伸长。

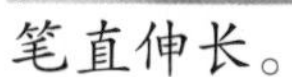

往明亮处伸长。

◉植物的成长与肥料的关系

如果用水来栽培种子，种子发芽之后不久，生长的情形会越来越不理想。相反地，如果在土壤中播种，种子发芽后，成长的情形比用水栽培时好了许多。

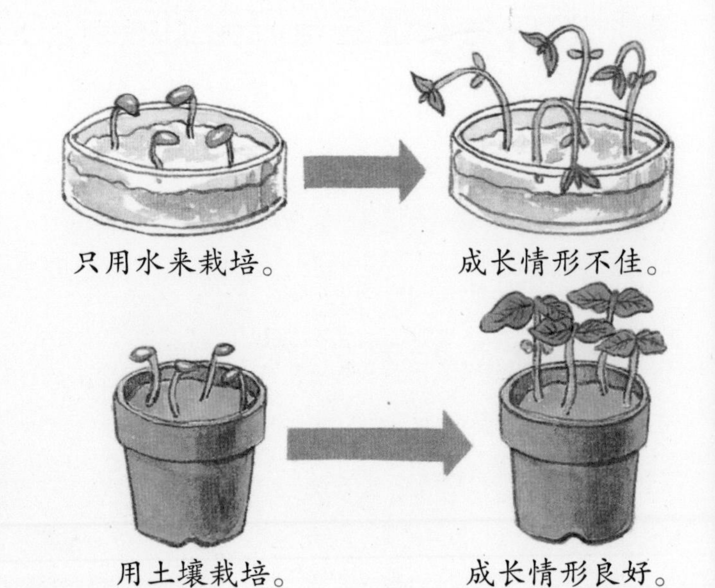

只用水来栽培。 成长情形不佳。

用土壤栽培。 成长情形良好。

种子发芽时必须利用种子里的养分，但当种子里的养分被吸收完之后，应该从哪里取得生长所需的养分？在土壤中施肥是不是可以帮助植物生长呢？

实验 试验肥料是不是植物生长必备的条件。

❶沙

❷土壤

❸土壤和肥料

水和阳光是植物成长必备的条件，在日照充足的地方为植物浇水，并观察植物的生长情形。

按照左图的方式，把刚成长的凤仙花种在3个不同的花盆里。❶的花盆中只摆放沙子，❷的花盆中只摆放土壤，❸的花盆中除了土壤之外还施了肥料。

经过2个月之后，开始观察凤仙花的成长情形，结果，❶的凤仙花成长情形不良，❷的凤仙花长得较大，而❸的凤仙花比❷长得好，不但茎部粗大，叶片也很肥大，而且叶片的数目很多。

◆由上面的实验我们得知，水、阳光和肥料都是植物生长的必备条件。

实 验 如果为水面上的浮萍施肥，浮萍是不是也能成长得很好？

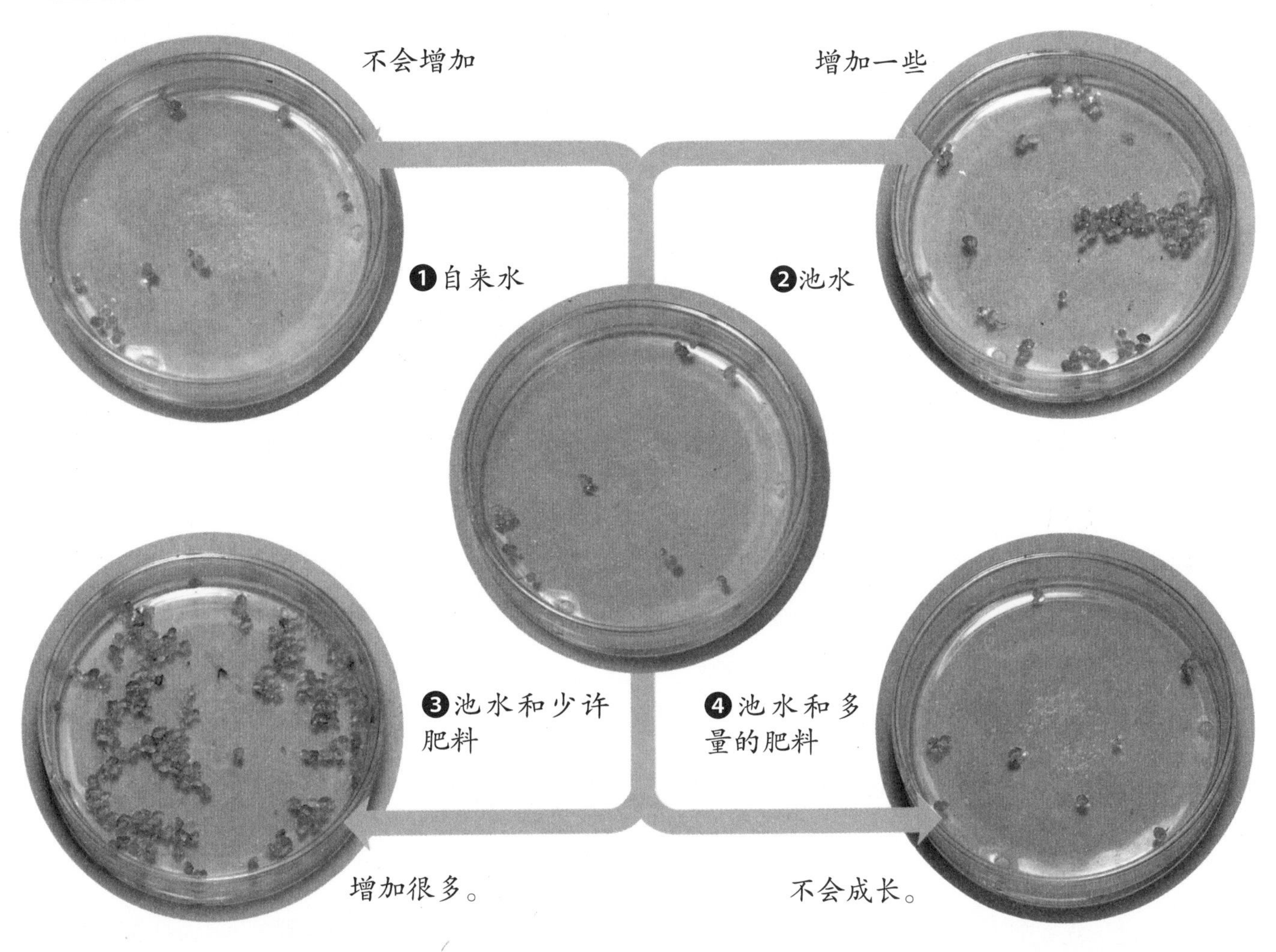

准备4个1升装的烧杯。❶的杯中装着自来水，❷的杯中装着池水，❸的杯中装着池水和少许肥料，❹的杯中装着池水和多量的肥料。在4个杯中各放入10片大小相同的浮萍，然后把4个杯子摆在日照充足的地方。经过2、3周之后，开始观察浮萍的增殖情形，结果，❶的杯子里因为没有肥料，浮萍不会增殖，❷的杯子里增加了少数的小型浮萍，❸的杯子里添加了少量的肥料，所以浮萍的数目大量增加，每片浮萍继续繁殖小浮萍。但是，❹的杯子里添加了多量的肥料，浮萍反而无法成长，有些叶片的颜色甚至变黄并且开始枯萎。

◆ 由上面的实验我们得知，在水生植物中添加适当的肥料会帮助植物生长。但是，如果添加过多的肥料（像烧杯❹），反而对植物的生长有害。植物有时会因过多的肥料而枯死。同样地，如果在植物的根部直接施肥，植物的成长也会受到不良的影响，有时甚至会因而枯死。

要点说明

除水和阳光之外，肥料也是植物成长的必备条件。但是，如果施放太多肥料，反而对植物的生长有害。

种在田圃中的蔬菜要施肥才能好好成长。

山上的植物即使不施肥，也长得好。

植物的成长与土壤的关系

同时播种的植物在同样的条件下栽培，有时却会出现不同的生长情形，这究竟是什么原因呢？植物的成长是不是和土壤有关系呢？

之前，在种子发芽一节中，我们曾经做过实验，证明土壤中也含有水分和空气。排水良好的土壤中有许多缝隙，空气容易进去，土壤也较为松软，因此，根部容易伸展，并可吸收土壤中的肥料作为养分，植物的生长情形因此较为良好。相反地，土壤的排水功能如果不良，空气便不易进入，土质也较为坚硬，植物的根部因此不易伸展，也无法吸收足够的肥料，生长情形自然不佳。

播种或种植花草时必须先翻松泥土，如此，水或空气可以轻易地进入土壤中，植物的根部得以伸展，并可轻易地吸取土壤中的肥料。但是，若要让土壤排水良好而加入过多的沙子，土壤中的缝隙太多时，空气虽然容易流通，土壤中的肥料或水分却容易流失，如此反而对植物的生长有害。由上面的情形来看，土壤对植物的成长确实有极大的影响。

田圃的土壤与山野的土壤

在田圃中种植蔬菜时，必须在土壤中施肥，植物才能好好地成长。这是因为作物成长之后便陆续被收割，土壤中已无养分。

但是，山野的土壤即使没有施肥，每年依旧能长出茂盛的植物。这是因为在秋冬期间，树叶会纷纷掉落，有些草木会慢慢枯萎，动物的尸体也会逐渐腐烂，这些物质会慢慢地成为养分，并渗入山野的土壤中。如此每年循环的结果是山野的土壤中随时都含有肥料，即使没有施肥，植物依旧能好好地成长。

整理——发芽与成长

植物发芽的必备条件

水、空气、温度是植物发芽的必备条件，而土壤、阳光或肥料并不是植物发芽的必备要素。

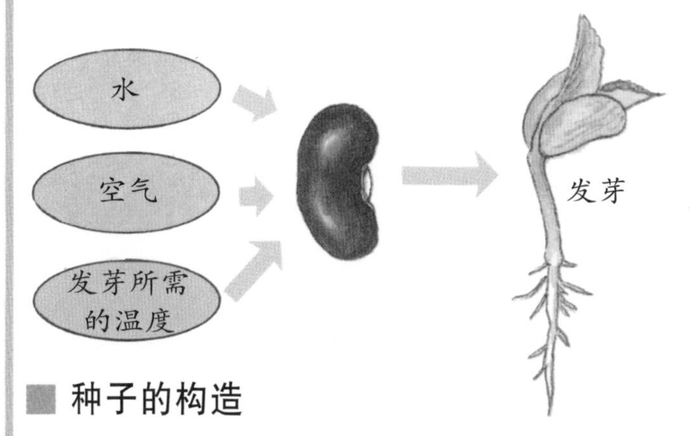

种子的构造

种子里长出的芽和根分别称为幼芽和幼根。

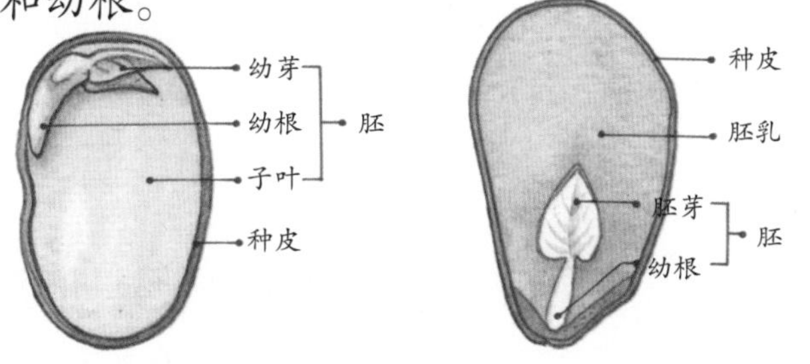

种子发芽时的养分

扁豆种子含有养分的部位叫作子叶，水稻种子含有养分的部位叫作胚乳。子叶和胚乳的养分可供发芽之用。

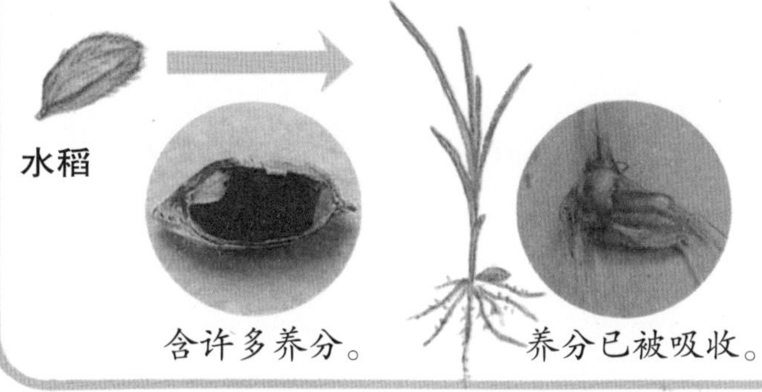

含许多养分。　养分已被吸收。

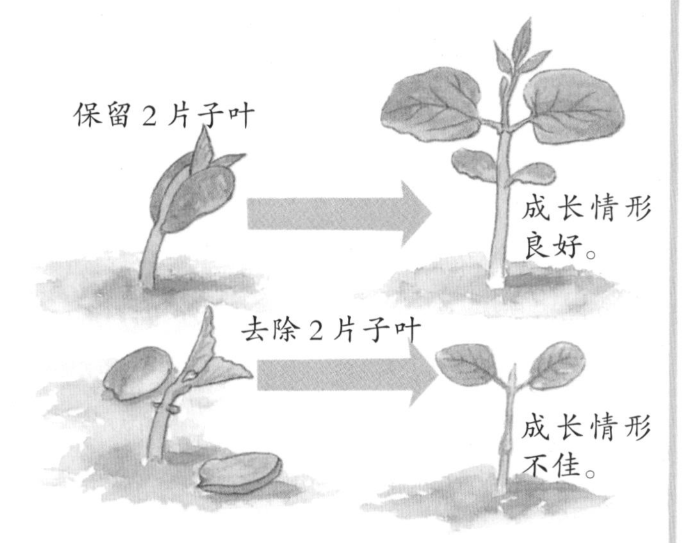

如果去除子叶或胚乳，对植物的成长会有不良的影响。

发芽后成长所需的必备条件

水、空气、温度是种子发芽时必备的要素，但是，种子发芽之后，若要继续成长，还需要阳光和肥料。

在山野中，植物含有的养分最后会回到土壤中，所以无须特别施肥，植物便能自行生长。

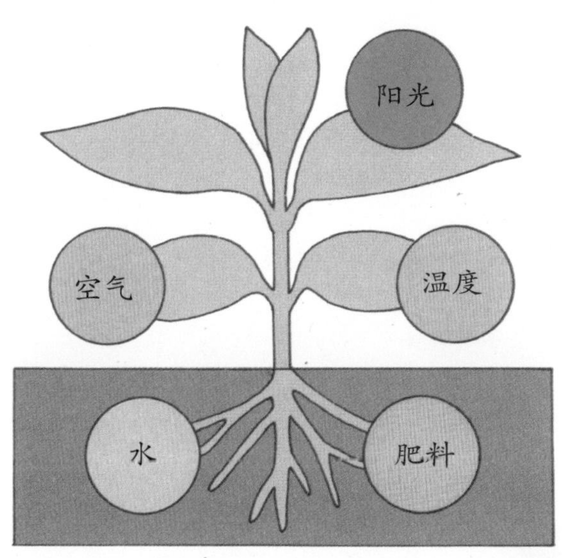

3 与植物有关的成语或俗谚

倒吃甘蔗，渐至佳境

我国东晋时的大画家顾恺之，平常吃甘蔗时和一般人不同，总是先吃尾，再慢慢吃到头。别人问他原因，他回答说：“渐至佳境！”

后来的人便以“倒吃甘蔗”这句话，来形容或勉励人先苦后甘，渐至佳境。

事实上，甘蔗的头（也就是地下茎及根部）的确是糖分含量最高的地方，因为甘蔗的根部会吸收土壤中的水分，加上阳光和二氧化碳，共同进行光合作用，制造淀粉，再转化为糖，由叶片输送回根茎部，其中地下茎部分储存的糖分最高。

种瓜得瓜，种豆得豆

播什么样的种，就必定会收获什么样的果实。因此，如果你播下豆种，就只能收获豆子，绝不可能收获又大又甜的瓜果。

当然，除了播种之外，耕耘培育的工作也很重要，所谓“一分耕耘，一分收获”，小朋友要牢牢记住。

好花能有几时红？

一朵花从开花到凋谢，往往是非常短暂的，因此常用来形容美好的事情不会太长久，很快就会消失，必须好好把握，善加珍惜。

树高千丈，落叶归根

这句成语形容人远离故乡，功成名就或年老之后仍不忘回乡定居，比喻人不忘本及怀乡念旧的心情。

除了常绿木外，一般的树到了秋冬之际，树叶便开始变黄凋落。落到地上后，树叶又会慢慢腐烂，渗入土壤中，变为养分被根部吸收，准备迎接春天的来临。

斩草不除根，春风吹又生

小朋友在校园中一定看过工人叔叔用割草机割草，没一会儿工夫，草坪就被修整得非常整齐。可是，过了1、2个月后，草又慢慢长高了，尤其在春夏之际，草长得特别快。

这句俗谚常用来比喻某种坏习惯没有彻底根除，过不了多久又会再度复发，因此提醒大家要痛下决心，才能成功。

揠苗助长

战国时代，一位宋国的农夫因为担心自己田里的稻苗长不高，于是下田去将全部稻苗拔高一些。然后他拖着疲倦的身子回家，告诉家人："今天累坏了，但我已帮田里的稻苗长高了许多。"

他的儿子一听，急忙跑去田里看，结果发现稻苗全部枯死了。于是，后来的人便用"揠苗助长"这句成语来形容人急着要求得成果，而做出违背自然、反得其害的事情来。

一般的植物种在土壤中，它的根部会向四周伸展蔓延，以便吸收更多土壤中的水分，以使自己更稳固。如果有人硬把它往上拉高，必会扯断大部分的根，使其根基松动，因此植物便会慢慢枯死。

4 在温室中栽种植物

番茄、黄瓜、南瓜、哈密瓜、西瓜、菊花、蔷薇或康乃馨等在一年四季里都可以买到。这些蔬果和花卉都可以在温室或暖房里培养。

番茄、黄瓜、南瓜、哈密瓜和西瓜等蔬果原是热带地区的植物，所以不能耐寒，到了秋季末的时候会因下霜而枯萎。但是，如果把这些植物移入温室栽种，并利用高于15℃的温度来加以培养，那么即使在冬季也会开花并且结果。

春天来临时气温会升高，而夜晚也变得比较短，草莓的花朵便相继开放。如果在温室里进行栽培，可以利用电灯作为照明设备，来缩短夜晚的时间。那么，即使在冬季草莓也会开出大量的花朵，并结出果实。

康乃馨的开花时期原是春季，经过改良之后，可以一年四季在温室里绽放。秋天来临，夜晚变长后，菊花便开始开放。如果利用电灯照明来缩短夜晚的时间，可

仙客来

金线莲

兰花

以让花朵晚一点开放，如此一来，从冬天一直到春天，随时都可见绽放的菊花。另外，如果每天早晚都用黑色的布覆盖在花上，这就等于延长了夜晚的时间，那么，即使在夏天也可以让菊花开放。夏季时，郁金香的球根中会长出花苞，但必须等到寒冷的冬天，连接花苞的茎才能伸展。如果要让郁金香在2月开花，必须在8月初到9月底的两个月间把球根摆在冷冻库中，12月初再把冷冻后的球根移植到温室里。

在温室里栽培热带植物时，适当的温度应维持在15℃～25℃之间；栽培温带植物则须维持在10℃～20℃之间。温室的作用很多，夏季经常有强风或雷雨，而温室可以用来保护植物免受风雨的吹袭。另外，有些植物不太耐热，所以可以搭起遮蓬，以防烈日直接酷晒。

天竺葵

印度橡胶树

郁金香

5 自株授粉和异株授粉

一朵花的雄蕊花粉直接传到同株花的雌蕊柱头上，叫作自株授粉。如果是一朵花里的雄蕊花粉直接传到同一朵花的雌蕊柱头上，叫作自花授粉，如果传到同株的邻花上，叫作邻花授粉，传到同株的其他花朵上，则叫作同株异花授粉。另外，不同株的花朵相互授粉的情形叫作异株授粉。

自花授粉

自花授粉的花朵有些是借着昆虫的帮助来传播花粉，有些是雄蕊摇动后花粉自然落到雌蕊的柱头上而达到授粉的目的。

堇菜 在花苞中授粉，即使不开花也会长出果实。

台北水苦 在同一朵花里，雄蕊的花粉在摇动后自然落到雌蕊的柱头上而完成授粉的步骤。

邻花授粉

在自株授粉的花中，有些花朵的雄蕊和雌蕊的成熟时期无法完全配合，为了孕育比较优秀的品种，让花粉传到同株的邻花上会比自花授粉的方式妥当。

❶桔梗的雄蕊比雌蕊早熟。 ❷雄蕊的花粉散完后雌蕊才成熟。 ❸由稍后才开花的邻花提供花粉来完成授粉的步骤。

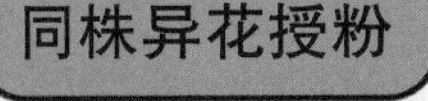

同株异花授粉

这种方法孕育出来的品种比邻花授粉的品种优良。

异株授粉

异株授粉是指不同花株间互相授粉，这也是最常见的授粉方式。

昆虫、风是异株授粉的媒介。松等植物的花粉可随风吹送到遥远的地方。玉米的雄花花粉随风飘送时，同株的雌花通常尚未开放。如果同株的雄花和雌花的开放时期不同，必须经由异株授粉的方式来传播花粉，这种情形极为常见。

雄花比雌花先成熟。

6 挑战测试题

（1）植物的成长和环境

1 下表中的①、②、③是种了15天的四季豆的生长高度及重量观测表。
由表可以得知野外土壤中含有什么呢？
（　　　　　　　　　　　）【5】

	长短（cm）	重量（g）
①常常浇水的土	27	3.5
②常浇水、施肥的土	50	8.5
③野外的土	35	7.5

2 如下图所示的是观察浮萍的繁殖方法。下表则是实验各种附加条件的整理。请回答下列问题。
每题5分【20】

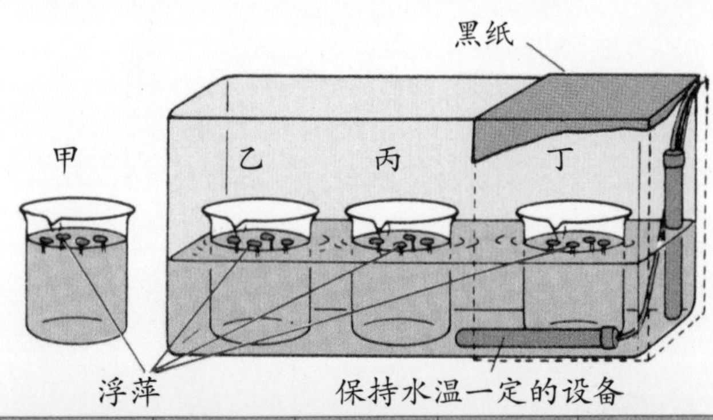

	甲	乙	丙	丁
水温（℃）	15～20	30	30	30
阳光	可照射到	可照射到	可照射到	照射不到
肥料	施肥	施肥	不施肥	施肥

(1) 上图甲到丁4个烧杯中，每2个比较之后就可以知道栽植浮萍所必要的条件，则从①到③的比较可以知道浮萍需要的是什么呢？从方框中选出栽植浮萍所必要的条件，并填入（　　）中。

①比较甲、乙　（　　　　）
②比较乙、丙　（　　　　）
③比较乙、丁　（　　　　）

A空气　B阳光　C肥料　D土
E适当的水温

(2) 甲到丁之中哪一杯浮萍繁殖得最快呢？（　　）

3 将四季豆的种子分别播种在3个花盆中。发芽之后，再分别放在如下(1)到(3)的环境中使之生长。
每题5分【15】

(1)（　　）放在能充分照射到阳光的地方。
(2)（　　）放在阴暗的房间里。
(3)（　　）如右图将植物放在一个只开一个小洞的箱子里。

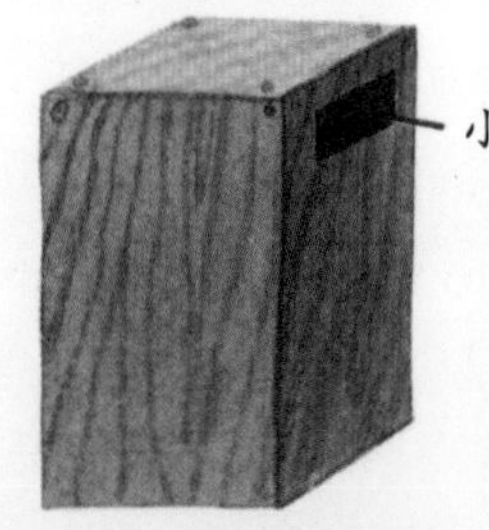

答案　**1** 成长必要的养分　**2** (1) ①E ②C ③B (2) 乙　**3** (1) 丙 (2) 甲 (3) 乙

4 将2株种植在花盆中的四季豆如下图分别用不同方法栽植，再回答下列问题。

每题5分【10】

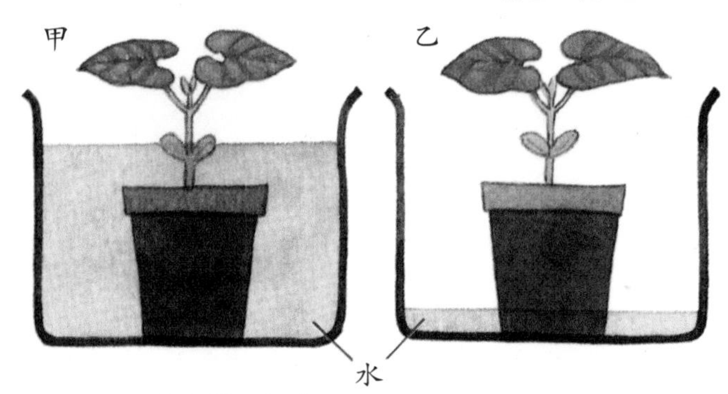

(1) 哪一盆长得比较快呢？

(　　　　　　　　　　　　)

(2) 从下面选出(1)的原因。　　(　　　　)

①因为有大量的水。

②因为有充足的空气。

5 将同量的土和沙子放在塑料花盆里，再如下图般沉浸水中，静置不动。回答下列问题。

每题5分【15】

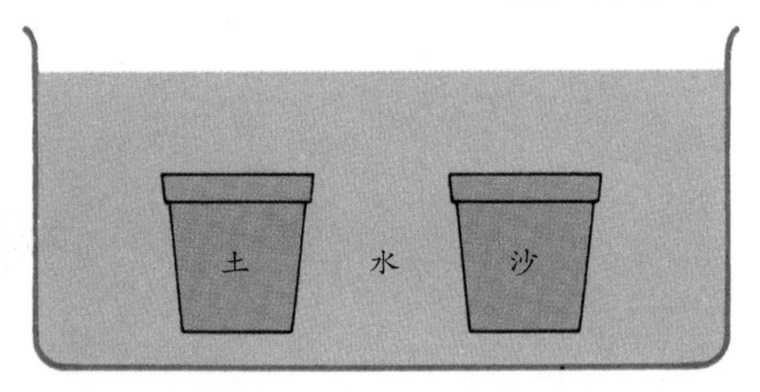

(1) 当把2个花盆浸在水中时，土或沙里会有什么东西浮出来呢？　　(　　　　)

(2) 从(1)可以了解土和沙中含有什么东西呢？

(　　　　)

(3) (2)中的东西，是土里还是沙里含得较多呢？

(　　　　)

6 下面(1)到(3)之中，和方框里的哪一项有关呢？请把相关的号码填入(　)中。

每题5分【15】

(1) (　　)长在沙滩上的滨旋花，根延伸得很长。

(2) (　　)作物的播种及栽培都有其适当的时期。

(3) (　　)用水田里的水栽种浮萍，会比种在自来水中的繁殖快。

①肥料　②温度　③水　④阳光

7 在天气晴朗的日子里，到田野中挖土来进行以下的实验。下表是实验的结果，请回答下列问题。

每题5分【10】

【实验】

①将挖来的土和沙各称出100 g。

②分别放在蒸发皿中加热10分钟，再测量重量。

时常搅拌

【结果】

	土	沙
加热后的重量	91 g	94 g

(1) 这2种东西加热后重量都减轻了，这是因为土和沙中都含有什么呢？

(　　　　)

(2) (1)中的东西，在土里比较多呢？还是在沙里比较多？

(　　　　)

8 在天气晴朗的日子里，将花圃地面和地下10厘米的土各取出一些分别放入塑料袋中，再将袋口封上。然后放在太阳光下。回答下列问题。

每题5分【10】

(1) 袋子的内侧会附着些什么东西呢？

(　　　　)

(2) 哪一个袋子内附着(1)中的东西比较多？

(　　　　)

4 (1) 乙 (2) ②　**5** (1) 气泡 (2) 空气 (3) 沙　**6** (1) ③ (2) ② (3) ①　**7** (1) 水 (2) 土

8 (1) 水（水滴） (2) 装地下10厘米土的袋子

（2）种子的栽培和发芽

1 在下图的设备中播四季豆的种子。除了丙以外，将其他的种植皿都放在能照到阳光的窗口。回答下列问题。

(1) 每题2分，(2)～(5) 每题5分【30】

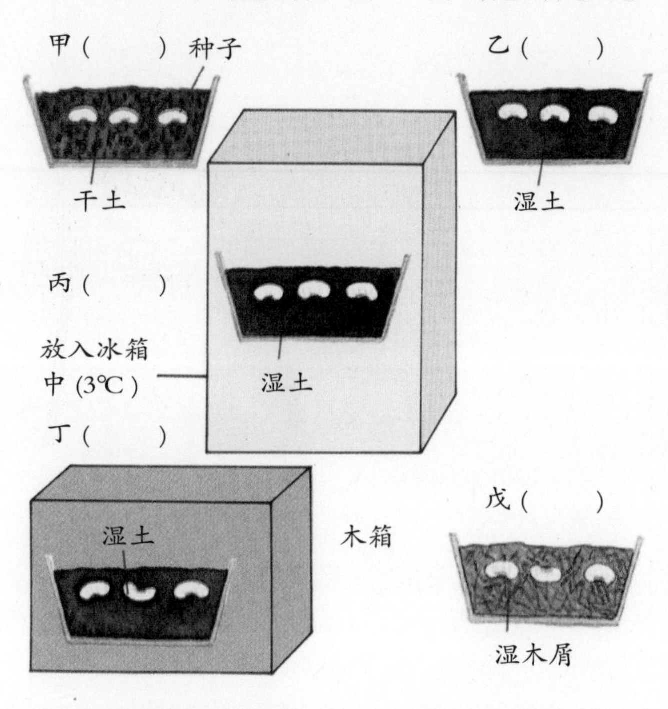

(1) 看看甲到戊的装置，在可以发芽的（ ）中画✓，不能的则画×。

(2) "种子发芽不一定需要土"的道理，可由乙和哪一个图比较而得知呢？（　　　　）

(3) "种子发芽是否需要适当的温度"可由哪两个图的比较而获得解答呢？（　　　　）

(4) 如果要调查种子发芽是否需要阳光，那么要比较哪两图呢？（　　　　）

(5) 如果要调查种子发芽是否一定要水分，那么应该比较哪两图才适当呢？（　　　　）

2 做一个如下图的设备，调查种子发芽的必要条件，再回答下列问题。　每题5分【10】

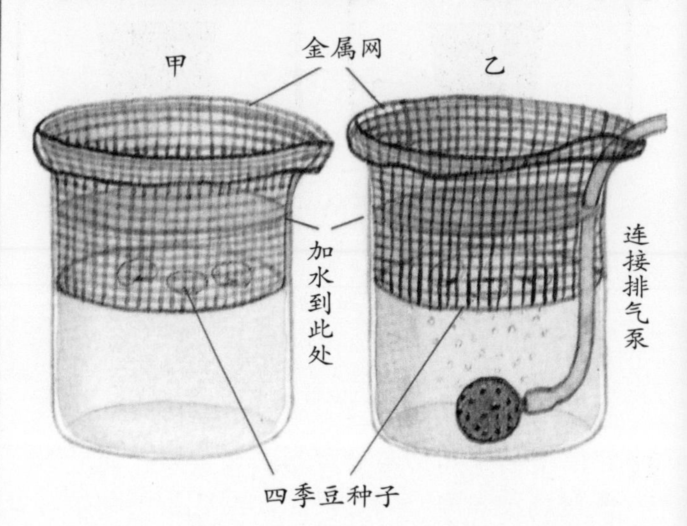

(1) 过了4、5天之后，四季豆的种子会有什么变化呢？从下列叙述中选出正确答案，将号码填入（ ）中。（　　）

①甲和乙都会发芽。

②甲会发芽，但乙不会。

③乙会发芽，但甲不会。

④甲、乙都不会发芽。

(2) 从这个实验可以知道种子发芽有什么必要条件呢？

（　　　　　　）

3 下列①到⑥之中，将与种子发芽有关的事项选出，在（ ）中画✓，无关的则画×。

每题2分【12】

①（ ）土　②（ ）水　③（ ）空气

④（ ）阳光　⑤（ ）温度　⑥（ ）肥料

答案 **1** (1) 甲× 乙✓ 丙× 丁✓ 戊✓ (2) 戊 (3) 丙和丁 (4) 乙和丁 (5) 甲和乙
2 (1) ③ (2) 充足的空气（氧） **3** ①× ②✓ ③✓ ④× ⑤✓ ⑥×

4 看下图中各个种子的形状，再回答问题。

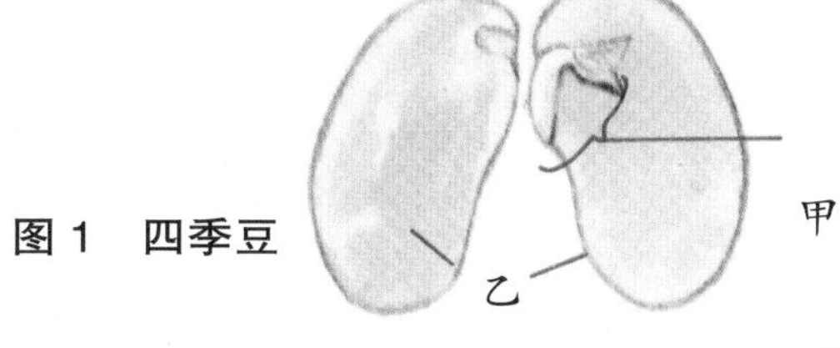

图 1　四季豆

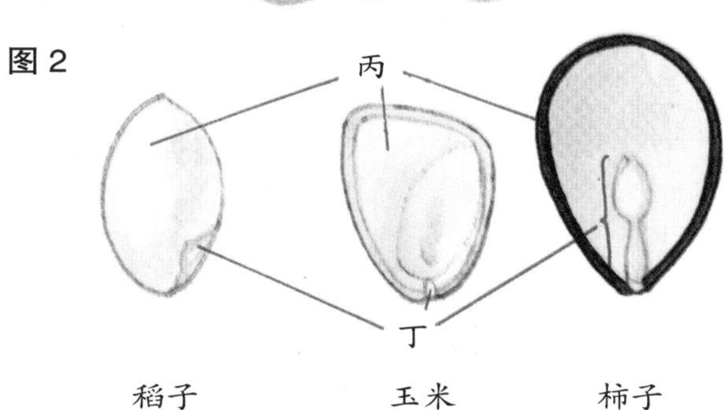

图 2

(1) 将乙、丙、丁 3 个部分的名称写出来。

每题 4 分【12】

乙（　　）丙（　　）丁（　　）

(2) 图 1 与图 2 中，种子发芽所需的养分各在什么部位呢？将记号填入（　）中。

每题 4 分【8】

图 1 的种子（　　）图 2 的种子（　　）

(3) 我们所吃的大米是水稻种子的哪一部位呢？

【6】

（　　）

5 下图是栽种四季豆的种子，以及种子发芽后稍稍长大的情形，请回答下列问题。

每题 5 分【10】

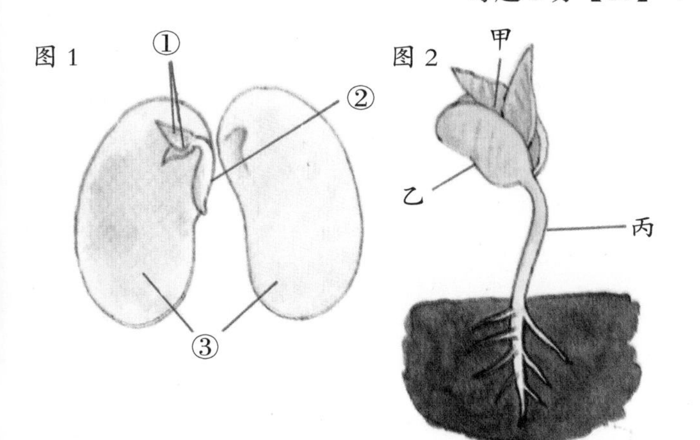

(1) 图 1 中①的部位会发育成图 2 中甲到丙的哪一部位呢？（　　）

(2) 图 1 中③的部位会发育成图 2 中甲到丙的哪一部位呢？（　　）

6 现在有两片刚发芽的四季豆子叶，其中一片保持原状，而另外一片切成一半，再回答下列问题。

每题 3 分【12】

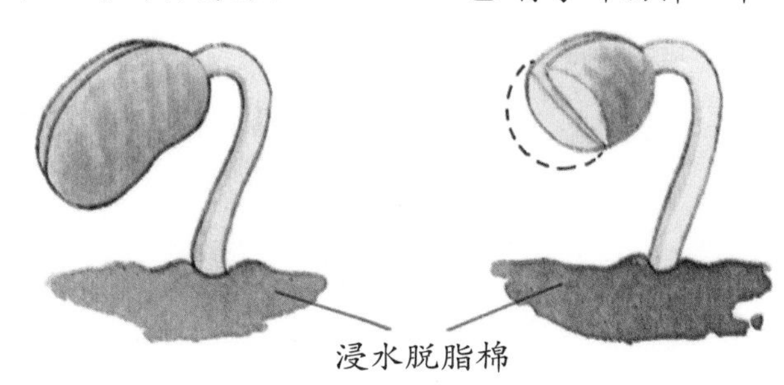

(1) 甲还是乙发育得比较快？

（　　）

(2) 在切下的子叶切口上涂碘液，则会呈现什么颜色呢？

（　　）

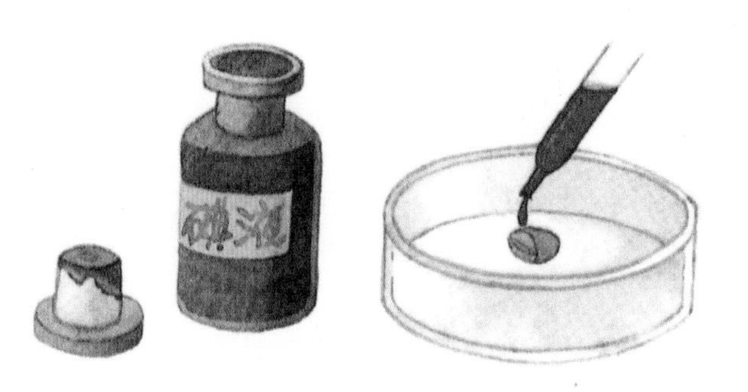

(3) 种植四季豆，将枯萎的子叶剪下，在切口处涂上碘液，那么所呈现的颜色和 (2) 有什么不同呢？

（　　）

(4) 在 (2)(3) 的情况下使四季豆发芽，成长的子叶中有什么养分存在呢？（　　）

4 (1) 乙：子叶　丙：胚乳　丁：胚　(2) 图 1 的种子：乙，图 2 的种子：丙　(3) 胚乳

5 (1) 甲　(2) 乙　6 (1) 甲　(2) 变成紫蓝色　(3) 紫蓝色会变淡（但颜色不变）　(4) 淀粉